21世纪高等学校规划教材 | 计算机应用

C语言程序设计实验教程

鲁云平 周建丽 娄路 编著

胡久永 主审

清华大学出版社

北京

内容简介

本书是与刘玲主编的《C语言程序设计教程》(清华大学出版社,ISBN 978-7-302-24594-0)配合使用的上机实验教材。内容包括:配合各章内容的知识点概略,验证性、设计性上机实验的具体操作内容,Visual C++的IDE开发环境,Visual C++下常见编译错误信息,C语言程序的调试方法和技巧等。此外还包括重庆市计算机等级考试笔试和上机试题各一套及《C语言程序设计教程》一书的习题参考答案。

本书内容丰富、可操作性强,是学习C语言程序设计的实用参考书。本书可作为高等学校非计算机专业本科生、研究生"C语言程序设计"课程的辅导教材,也可以供普通读者参考使用。

图书在版编目(CIP)数据

C语言程序设计实验教程/鲁云平,周建丽,娄路编著. —北京:清华大学出版社,2011.3
(21世纪高等学校规划教材·计算机应用)
ISBN 978-7-302-24801-9

Ⅰ. ①C… Ⅱ. ①鲁… ②周… ③娄… Ⅲ. ①C语言—程序设计—高等学校—教材
Ⅳ. ①TP312

中国版本图书馆CIP数据核字(2011)第019597号

责任编辑:付弘宇
责任校对:时翠兰
责任印制:李红英
出版发行:清华大学出版社　　地　址:北京清华大学学研大厦A座
http://www.tup.com.cn　　邮　编:100084
社 总 机:010-62770175　　邮　购:010-62786544
投稿与读者服务:010-62795954,jsjjc@tup.tsinghua.edu.cn
质 量 反 馈:010-62772015,zhiliang@tup.tsinghua.edu.cn
印 装 者:北京密云胶印厂
经　销:全国新华书店
开　本:185×260　印　张:15.25　字　数:364千字
版　次:2011年3月第1版　　印　次:2011年3月第1次印刷
印　数:1～3000
定　价:25.00元

产品编号:039128-01

编审委员会成员

（按地区排序）

出版说明

随着我国改革开放的进一步深化，高等教育也得到了快速发展，各地高校紧密结合地方经济建设发展需要，科学运用市场调节机制，加大了使用信息科学等现代科学技术提升、改造传统学科专业的投入力度，通过教育改革合理调整和配置了教育资源，优化了传统学科专业，积极为地方经济建设输送人才，为我国经济社会的快速、健康和可持续发展以及高等教育自身的改革发展做出了巨大贡献。但是，高等教育质量还需要进一步提高以适应经济社会发展的需要，不少高校的专业设置和结构不尽合理，教师队伍整体素质亟待提高，人才培养模式、教学内容和方法需要进一步转变，学生的实践能力和创新精神亟待加强。

教育部一直十分重视高等教育质量工作。2007 年 1 月，教育部下发了《关于实施高等学校本科教学质量与教学改革工程的意见》，计划实施"高等学校本科教学质量与教学改革工程(简称'质量工程')"，通过专业结构调整、课程教材建设、实践教学改革、教学团队建设等多项内容，进一步深化高等学校教学改革，提高人才培养的能力和水平，更好地满足经济社会发展对高素质人才的需要。在贯彻和落实教育部"质量工程"的过程中，各地高校发挥师资力量强、办学经验丰富、教学资源充裕等优势，对其特色专业及特色课程(群)加以规划、整理和总结，更新教学内容、改革课程体系，建设了一大批内容新、体系新、方法新、手段新的特色课程。在此基础上，经教育部相关教学指导委员会专家的指导和建议，清华大学出版社在多个领域精选各高校的特色课程，分别规划出版系列教材，以配合"质量工程"的实施，满足各高校教学质量和教学改革的需要。

为了深入贯彻落实教育部《关于加强高等学校本科教学工作，提高教学质量的若干意见》精神，紧密配合教育部已经启动的"高等学校教学质量与教学改革工程精品课程建设工作"，在有关专家、教授的倡议和有关部门的大力支持下，我们组织并成立了"清华大学出版社教材编审委员会"(以下简称"编委会")，旨在配合教育部制定精品课程教材的出版规划，讨论并实施精品课程教材的编写与出版工作。"编委会"成员皆来自全国各类高等学校教学与科研第一线的骨干教师，其中许多教师为各校相关院、系主管教学的院长或系主任。

按照教育部的要求，"编委会"一致认为，精品课程的建设工作从开始就要坚持高标准、严要求，处于一个比较高的起点上；精品课程教材应该能够反映各高校教学改革与课程建设的需要，要有特色风格、有创新性(新体系、新内容、新手段、新思路，教材的内容体系有较高的科学创新、技术创新和理念创新的含量)、先进性(对原有的学科体系有实质性的改革和发展，顺应并符合 21 世纪教学发展的规律，代表并引领课程发展的趋势和方向)、示范性(教材所体现的课程体系具有较广泛的辐射性和示范性)和一定的前瞻性。教材由个人申报或各校推荐(通过所在高校的"编委会"成员推荐)，经"编委会"认真评审，最后由清华大学出版社审定出版。

目前，针对计算机类和电子信息类相关专业成立了两个“编委会”，即“清华大学出版社计算机教材编审委员会”和“清华大学出版社电子信息教材编审委员会”。推出的特色精品教材包括：

（1）21世纪高等学校规划教材·计算机应用——高等学校各类专业，特别是非计算机专业的计算机应用类教材。

（2）21世纪高等学校规划教材·计算机科学与技术——高等学校计算机相关专业的教材。

（3）21世纪高等学校规划教材·电子信息——高等学校电子信息相关专业的教材。

（4）21世纪高等学校规划教材·软件工程——高等学校软件工程相关专业的教材。

（5）21世纪高等学校规划教材·信息管理与信息系统。

（6）21世纪高等学校规划教材·财经管理与计算机应用。

（7）21世纪高等学校规划教材·电子商务。

清华大学出版社经过二十多年的努力，在教材尤其是计算机和电子信息类专业教材出版方面树立了权威品牌，为我国的高等教育事业做出了重要贡献。清华版教材形成了技术准确、内容严谨的独特风格，这种风格将延续并反映在特色精品教材的建设中。

清华大学出版社教材编审委员会

联系人：魏江江

E-mail:weijj@tup.tsinghua.edu.cn

前　言

本书是与《C语言程序设计教程》(刘玲主编,ISBN 978-7-302-24594-0)配套的实验教材,旨在帮助读者熟悉、理解、体会进而掌握课堂上介绍的知识。

本书以“熟悉语言、设计程序”为线索,以实践性、实用性为编著原则,内容包括相关知识、实例介绍、基础训练、设计调试等。相关知识是对理论教材各章节知识点的概括总结;实例介绍是对各知识点举例说明;基础训练是供读者上机调试训练的填空、分析、看图写程序、按程序画流程图、程序改错等实践性练习;设计调试要求读者自己设计和调试程序。本书依照人对知识的认知过程,按层次安排本课程的主要实验内容。

与理论教材相对应,本书共包含8章,分别为“C语言程序调试运行步骤”、“C语言程序设计基础”、“结构化程序设计基础”、“函数”、“数组”、“指针”、“结构体、共用体、枚举类型和位操作”、“文件”。根据各章内容特点,安排各种上机实验题目,期望读者能通过实验题目的训练,逐步熟悉C语言的语法规则及程序设计方法,初步掌握程序设计的原理和技术,具备分析程序和设计程序的能力。

本书参考并使用了杨芳明老师编写的同名内部教材的许多内容,以及胡久永老师提供的许多资料,根据重庆市计算机等级考试大纲要求的内容,重新规划、提炼、充实修改而成。为方便学生了解计算机等级考试的内容,本书还参考和引用了部分重庆市计算机等级考试题目。

在本书的编写中,胡久永、杨芳明、李益才、王政霞、陈松、刘玲、姚雪梅、王勇、徐凯等老师提出了许多宝贵意见,并参与部分例题和习题的选择、调试工作,胡久永老师对本书进行了认真的审稿,在此一并表示感谢。

由于编者水平有限,书中存在疏漏和不足之处在所难免,恳请同仁和专家批评指正,多提宝贵意见。本书的相关资料可以从清华大学出版社网站 www. tup. tsinghua. edu. cn 下载,相关问题请联系 fuhy@tup. tsinghua. edu. cn。

编　者

2010年11月

于重庆交通大学

第1部分 实　　验

第 2 部分 综合练习题及参考答案

第1部分 实　验

- 第1章　C语言程序调试运行步骤
- 第2章　C语言程序设计基础
- 第3章　结构化程序设计基础
- 第4章　函数
- 第5章　数组
- 第6章　指针
- 第7章　结构体、共用体、枚举类型和位操作
- 第8章　文件

第1章 C语言程序调试运行步骤

1.1 实验目的

(1) 掌握C语言程序的基本结构及书写格式。

(2) 认识 Visual C++ 6.0 集成开发环境。

(3) 掌握C语言程序的编辑、编译、链接和运行的过程。

1.2 相关知识

1.2.1 C语言源程序的基本结构及书写格式

1. C语言源程序的结构特点

(1) 一个C语言源程序可以由一个或多个源文件组成。

(2) 每个源文件可由一个或多个函数组成。

(3) 一个源程序不论由多少个文件组成,都有一个且只能有一个 main()函数,即主函数。

(4) 源程序中可以有预处理命令(include 命令仅为其中的一种),预处理命令通常应放在源文件或源程序的最前面。

(5) 每一个说明,每一个语句都必须以分号结尾。但预处理命令,函数头和花括号"}"之后不能加分号。

(6) 标识符与关键词之间必须至少加一个空格以示间隔。若已有明显的间隔符,也可不再加空格来间隔。

2. 书写程序的一般约定

(1) 一个说明或一个语句占一行。

(2) 用"{}"括起来的部分,通常表示了程序的某一层次结构。"{}"一般与该结构语句的第一个字母对齐,并单独占一行。

1.2.2 C语言程序调试中的几种文件类型

1. 源程序文件

用C语言语句书写的保存类型为.C的文件叫源程序文件。

2. 目标文件

将C语言源程序文件翻译成二进制形式形成的文件叫目标文件，其扩展名为.obj。

3. 执行文件

目标文件生成的EXE文件存放在该子文件夹中。

1.2.3 C语言程序调试运行的一般步骤

(1) 建立工程。

(2) 建立源程序文件。

(3) 源程序的编译、链接。

(4) 执行程序。

上面的4个步骤是调试C语言程序的一般过程。实际上，对初学者来说，在Visual C++ 6.0集成开发环境下调试、运行C语言程序也可以直接建立源程序、编译链接、运行。

1.3 实验内容

1.3.1 验证性实验

实例1.1 在Visual C++6.0集成开发环境下调试、运行单个源程序文件的C语言程序。

步骤：

1. 建立一个C语言的源程序文件

(1) 启动Visual C++ 6.0，选择"File(文件)"→"New(新建)"命令，将弹出如图1.1所示对话框。

(2) 选择Files选项卡下的C++ Source File选项，单击OK按钮，将出现如图1.2所示窗口，在窗口中输入程序代码。

(3) 选择"File(文件)"→"Save As(另存为)"命令，将文件保存到指定位置(见图1.3)。

注意：一定在文件名后带上.C。

说明：重复第1步，可以编辑建立多个C语言源程序文件保存到磁盘上，需要调试哪个程序就双击打开哪个文件，然后进行第2步。

2. 编译程序

选择"Build(构建)"→"Compile(编译) a.c" 命令(或按Ctrl＋F7组合键)，对源程序进行编译(在此过程中出现的所有对话框均单击"是"按钮)，结果如图1.4所示。

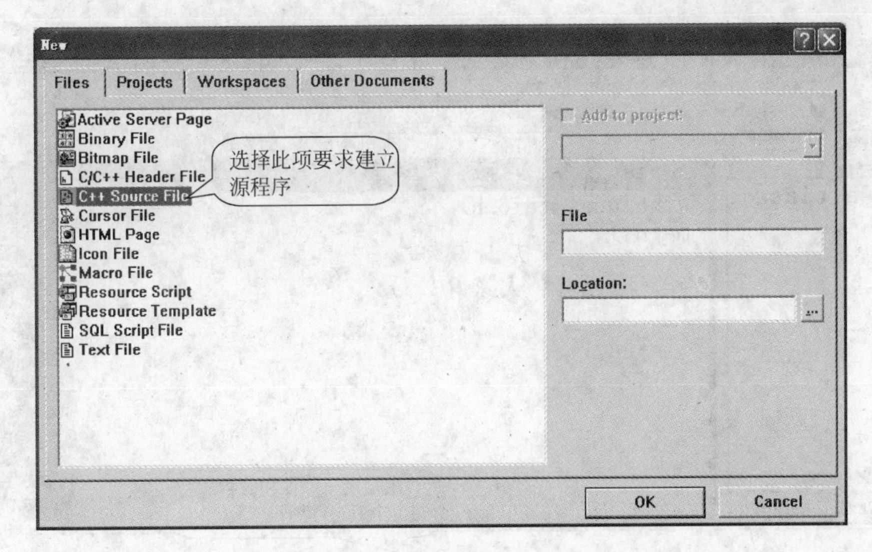

图　1.1

Microsoft Visual C++

File Edit View Insert Project Build Tools Window Help

D:\a.c

```
#include<stdio.h>
main()
{
    printf("大家好！");
}
```

Build　Debug　Find in Files 1　Find in Files 2　Resu

D:\a.c saved　Ln 5, Col 2　REC COL OVR READ

图　1.2

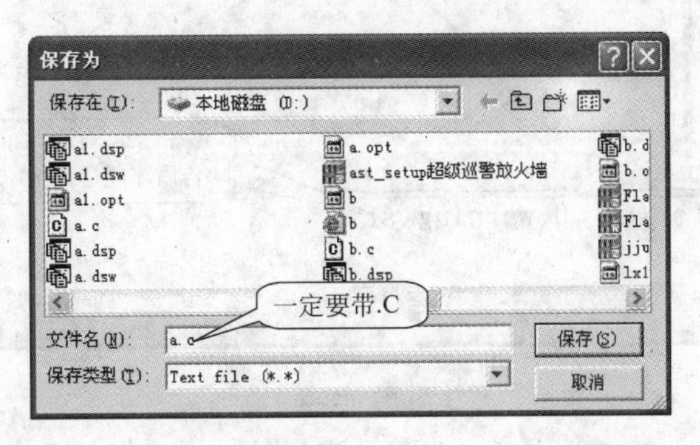

图　1.3

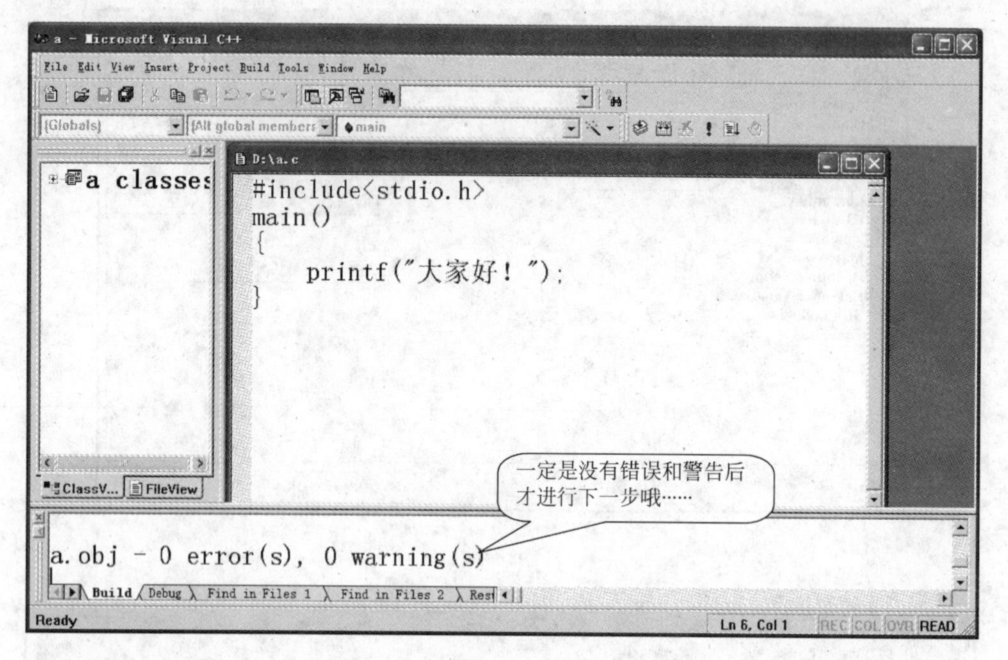

图 1.4

3. 链接文件

选择“Build(构建)”→“Build(构建) a.exe”命令，构建可执行程序 a.exe，结果如图 1.5 所示。

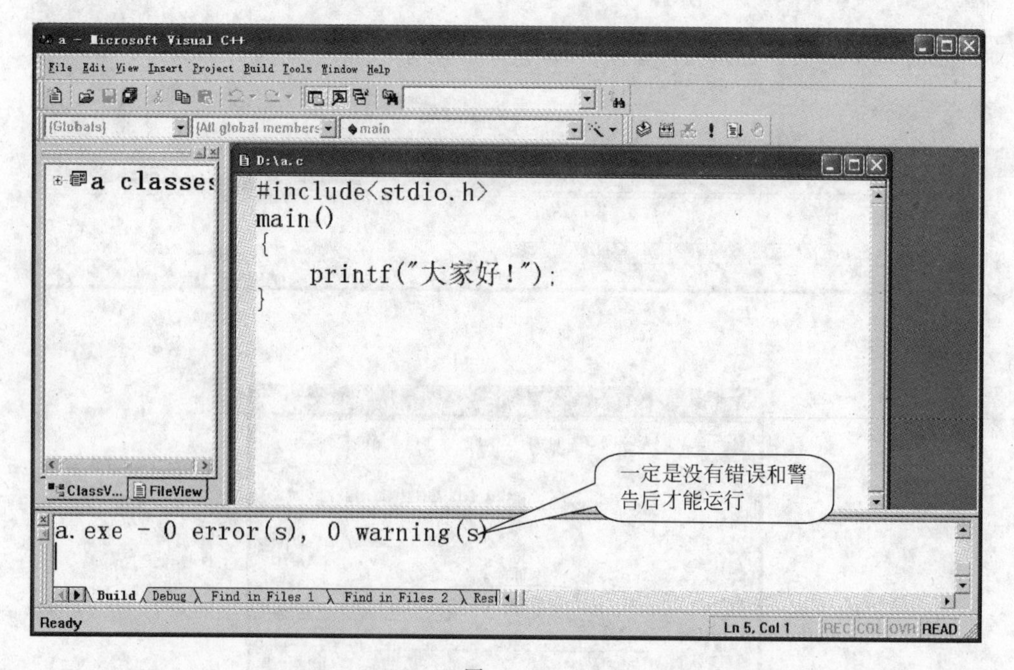

图 1.5

4. 运行程序

选择“Build(构建)”→“Execute(运行) a.exe”命令，结果如图 1.6 所示。

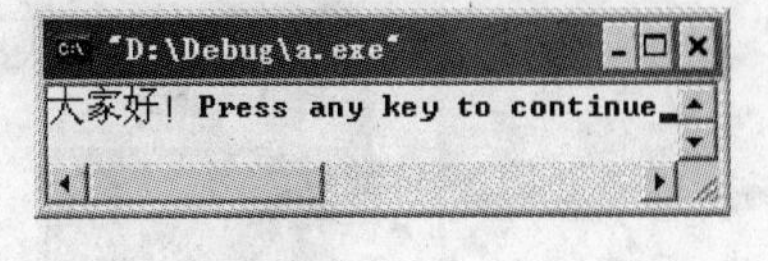

图　1.6

实例 1.2　在 Visual C++ 6.0 集成开发环境下调试、运行包含多个源程序的 C 语言程序。

步骤：

1.

按照实例 1.1 的第 1 步，分别建立程序中的多个 C 语言源程序文件并保存到磁盘上，然后进行第 2 步。

为了操作方便，这里用 2 个源程序文件说明。

将下面程序保存为 a.c

```
#include<stdio.h>
int f(int);
main()
{
    int w=10;
    printf("这是主程序的输出=%d\n",w);
    printf("这是子函数的输出=%d\n",f(w));
}
```

将下面程序保存为 b.c

```
int f(int x)
{return(x*x);
}
```

2. 建立一个工程

启动 Visual C++ 6.0，选择“File(文件)”→“New(新建)”命令，将弹出如图 1.7 所示对话框。选择 Projects 选项卡下的 Win32 Console Application 选项，输入自己的工程名称和准备保存的位置，单击 OK 按钮，再在如图 1.8 所示对话框中选中 An empty project 单选按钮，单击 OK 按钮，最后单击 OK 按钮，这样就在 D:\my 目录下建立了一个空的工程。

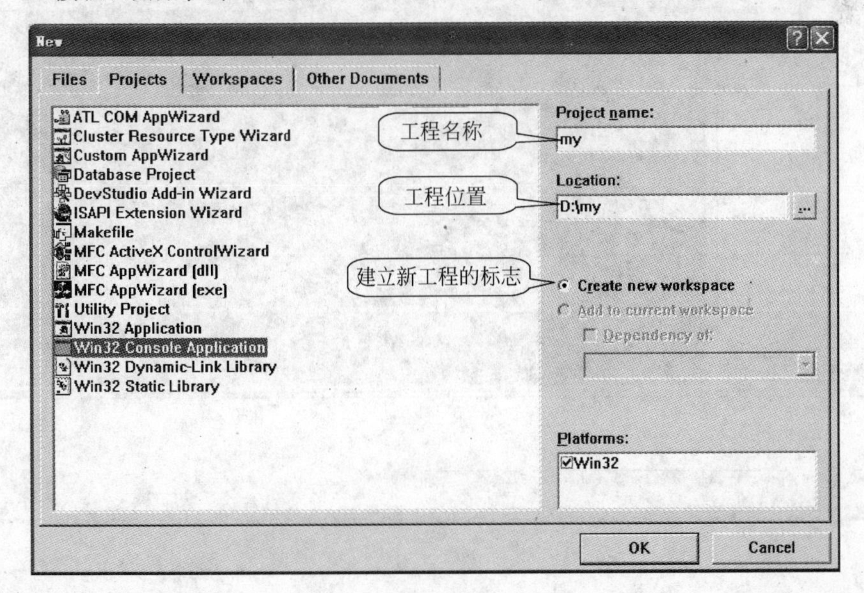

图　1.7

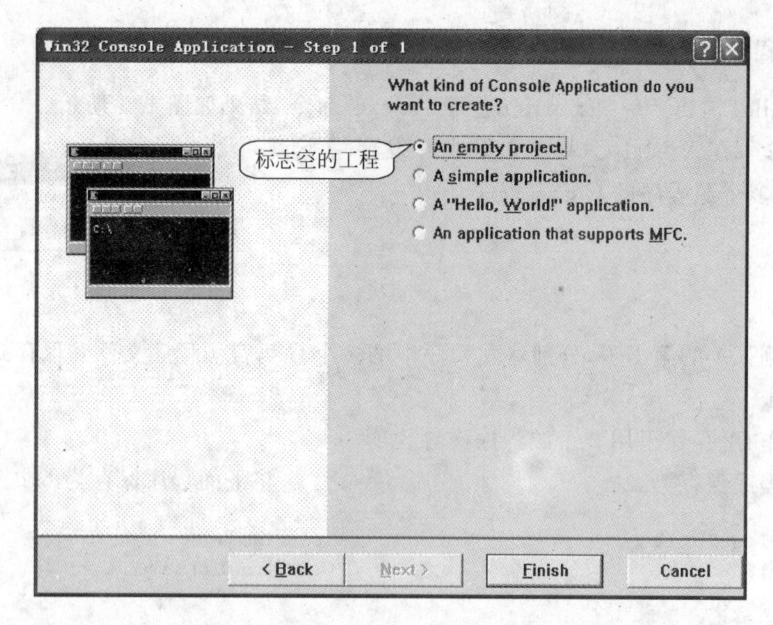

图 1.8

3. 将多个源程序文件加入到工程中

在如图 1.9 所示的窗口中,选择"Project(工程)"→"Add To Project(添加到工程)"→"Files(文件)"菜单,将打开如图 1.10 所示的 Insert Files into Project 对话框,找到已经保存的 a.c 和 b.c 源程序文件将其加入即可。效果如图 1.11 所示。

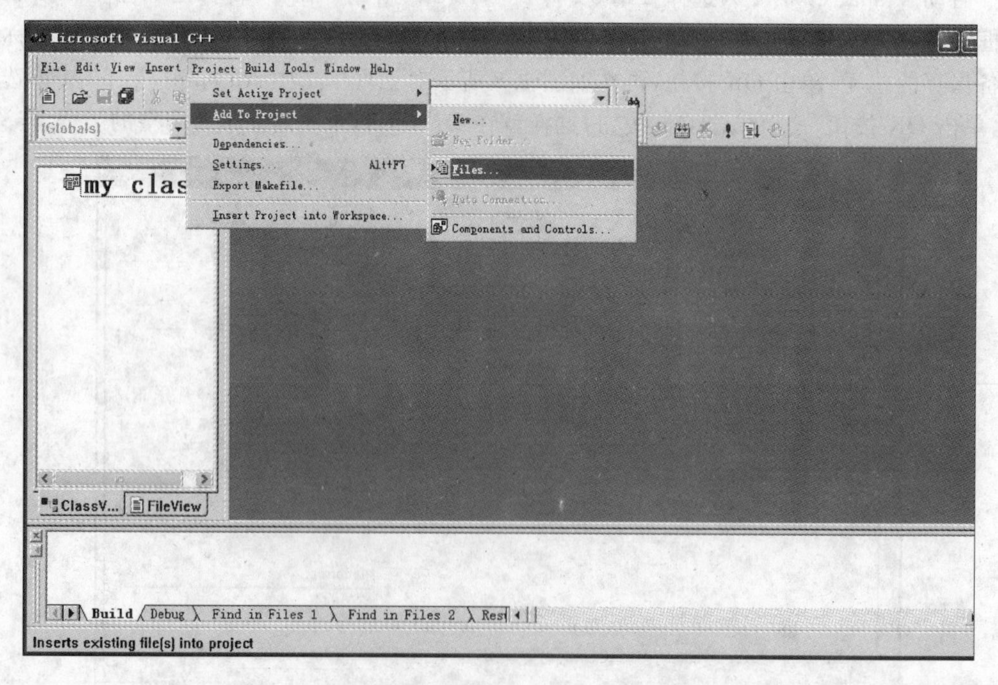

图 1.9

图　1.10

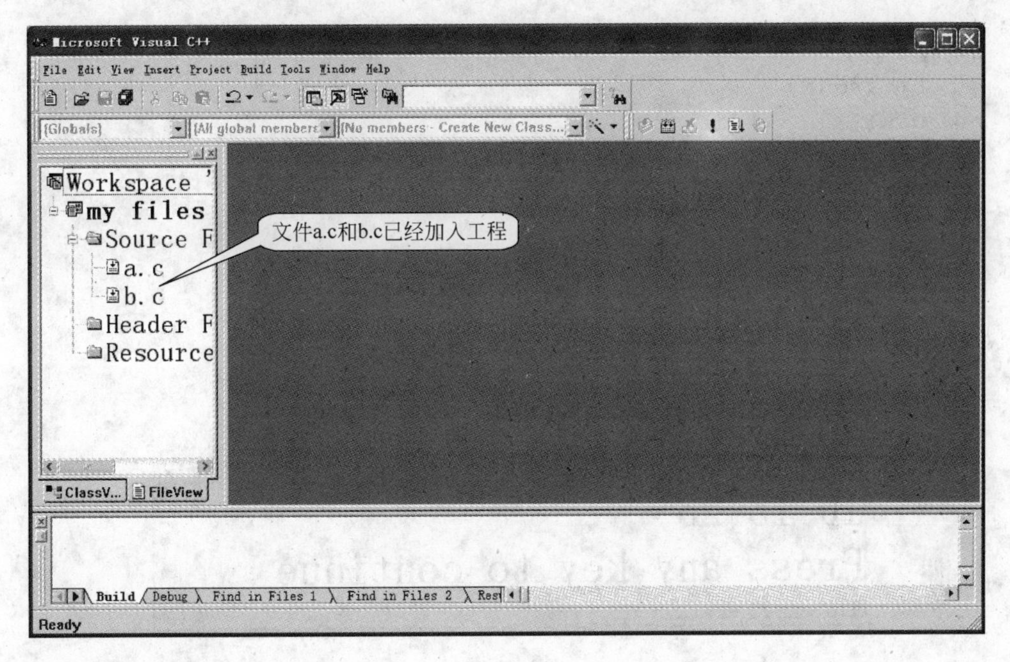

图　1.11

如果想删除工程中的某个文件，可以选中该文件，然后选择“Edit(编辑)”→“Delete(删除)”命令进行删除。

4. 编译、链接、运行程序

编译、链接、运行的过程与单个源程序过程一样，仍然要保证顺利通过编译、链接才能成功运行程序。图 1.12 是例子程序运行的结果。

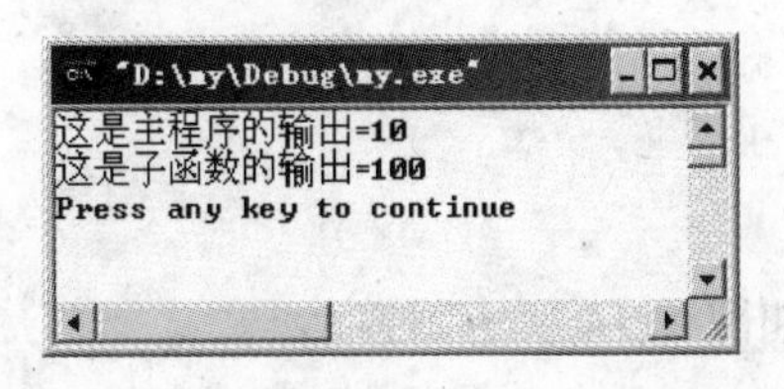

图　1.12

特别提醒：

输入程序时一定要小心，每个符号均要输入，哪怕是标点符号，不然机器就不能理解，会给出很多错误提示。假设出现了很多错误提示，建议大家从第一个错误入手修改，并且修改一个就重新编译一次，直到机器没有错误提示为止。

1.3.2 基础练习实验

按照实例1.1的步骤调试下面的C语言程序，在熟悉调试C语言程序的过程中，学习修改程序和调试C语言程序的方法。

1. 程序一

```
/* sy_2.c */
#include <stdio.h>
void main()
{
   int a,b,sum;
   a = 10;
   b = 15;
   sum = a + b;
   printf("%d+%d=%d\n",a,b,sum);
}
```

程序运行结果应该输出如图1.13所示结果。

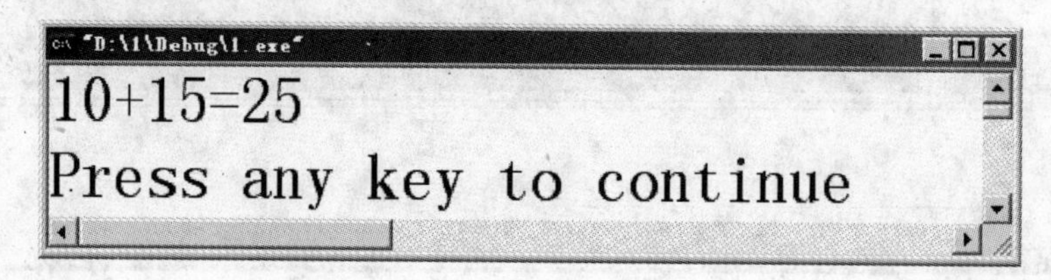

图 1.13

2. 程序二

```
/*sy_3.c*/
#include <stdio.h>
void main()
{
   printf("*\n");
   printf("***\n");
   printf("*****\n");
   printf("*******\n");
}
```

程序运行结果应该输出如图1.14所示图案。

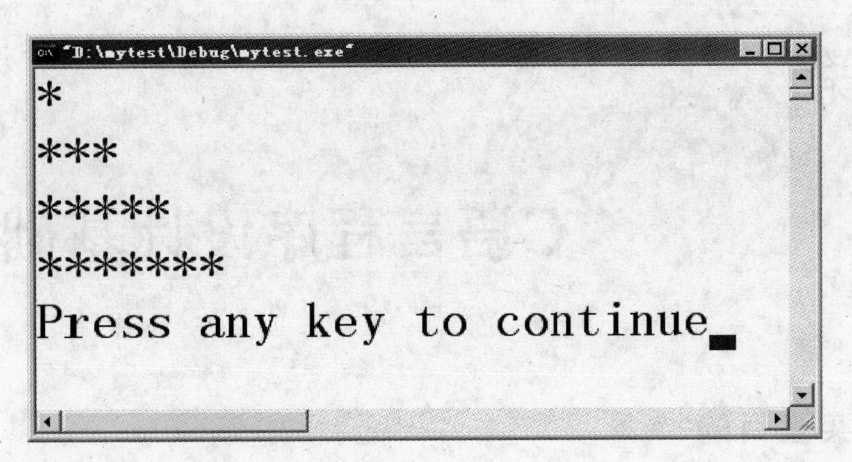

图 1.14

第2章 C语言程序设计基础

2.1 实验目的

(1) 认识C语言的数据类型、常量、变量、内部函数及运算符和表达式。

(2) 掌握定义变量及赋值的方法。

(3) 掌握C语言中实现输入输出数据的方法和语句。

2.2 相关知识

2.2.1 C语言的语法元素

1. 数据类型

C语言中的数据类型可分为基本数据类型、构造数据类型、指针类型、空类型共4大类，如图2.1所示。

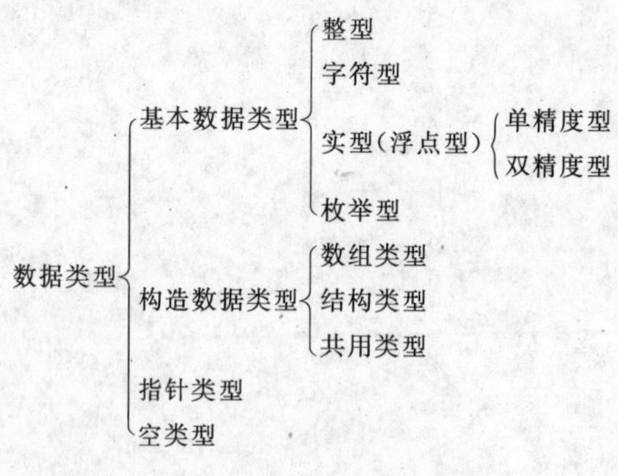

图 2.1

(1) 整型数据

整型常量就是整常数。C语言中的整常数有十进制、八进制、十六进制三种形式。

① 十进制整常数

十进制整常数没有前缀，其数码为0～9。以下各数是合法的十进制整常数：

237、－568、65535、1627

以下各数不是合法的十进制整常数：

023（不能有前导0）、23D（含有非十进制数码）

② 八进制整常数

八进制整常数必须以0开头（即0为前缀），数码为0～7。以下各数是合法的八进制整常数：

015（十进制为13）、0101（十进制为65）、0177777（十进制为65535）

以下各数不是合法的八进制整常数：

256（无前缀0）、03A2（包含了非八进制数码）

③ 十六进制整常数

十六进制整常数的前缀为0X或0x。其数码取值为0～9、A～F或a～f。以下各数是合法的十六进制整常数：

0X2A（十进制为42）、0XA0（十进制为160）、0XFFFF（十进制为65535）

以下各数不是合法的十六进制整常数：

5A（无前缀0X）、0X3H（含有非十六进制数码）

特别提醒：

在C语言程序中是根据前缀来区分各种数制的，因此书写常数时不要把前缀弄错，造成结果不正确。

④ 整型常数的后缀

在一个整型数据后面加一个字母“L”或“l”，则认为该数是长整型。例如，

十进制：158L（十进制为158）、358000L（十进制为358000）；

八进制：012L（十进制为10）、077L（十进制为63）、0200000L（十进制为65536）；

十六进制：0X15L（十进制为21）、0XA5L（十进制为165）、0X10000L（十进制为65536）。

长整型常数158L和短整型常数158在数值上并无区别。但对158L，因为是长整型量，C语言编译系统将为它分配4B存储空间。而对短整型158，只分配2B的存储空间。因此在运算和输出格式上要予以注意，避免出错。

无符号数也可用后缀表示，整型常数的无符号数的后缀为“U”或“u”。例如：358u，0x38Au，235Lu均为无符号数。

前缀、后缀可同时使用以表示各种类型的数。如0XA5Lu表示十六进制无符号长整型常数0xA5，其十进制数为165。

（2）实型数据

实型常量也称为实数或者浮点数。在C语言中，实数只用十进制。它有两种书写形式：十进制小数形式、指数形式。

① 十进制小数形式

由数码0～9和小数点组成。例如：0.0、25.0、5.789、0.13、5.0、300.、−267.8230等均为合法的实数。注意，必须有小数点。

② 指数形式

其一般形式为：a E n（a为十进制数，n为十进制整数），其值为 $a\times10^n$。

例如：2.1E5(等于 2.1×10^{5})、3.7E－2(等于 3.7×10^{-2})、0.5E7(等于 0.5×10^{7})、－2.8E－2(等于 -2.8×10^{-2})。

以下不是合法的实数形式：

345 (无小数点)、E7 (阶码标志 E 之前无数字)、－5 (无阶码标志)、53.－E3 (负号位置不对)、2.7E(无阶码)

标准 C 语言允许浮点数使用后缀。后缀为“f”或“F”即表示该数为浮点数。

(3) 字符型数据

① 字符型数据的构成

C 语言中的字符型数据也叫字符常量，是用单引号括起来的一个字符。如'a'、'＝'、'＋'、'?'等都是合法字符常量。字符常量有以下特点：

- 字符常量只能用单引号括起来，不能用双引号或其他括号。
- 字符常量只能是单个字符，不能是字符串。
- 字符可以是字符集中任意字符，但数字被定义为字符型之后在数值运算中为对应的 ASCII 码值。如'5'和 5 是不同的，'5'是字符常量，其 ASCII 码值为 53，以此值参与运算。

② 转义字符

转义字符是一种特殊的字符常量。转义字符以右斜线“\”开头，后跟一个或几个字符。转义字符具有特定的含义，不同于字符原有的意义，故称“转义”字符。转义字符主要用来表示那些用一般字符不便于表示的控制代码。表 2.1 列出了常用的转义字符及其含义。

表 2.1 常用的转义字符

转义字符	转义字符的意义	ASCII 码值
\n	回车换行	10
\t	横向跳到下一制表位置	9
\b	退格	8
\r	回车	13
\f	走纸换页	12
\\	反斜线符"\"	92
\'	单引号符	39
\"	双引号符	34
\a	鸣铃	7
\ddd	1～3 位八进制数所代表的字符	
\xhh	1～2 位十六进制数所代表的字符	

广义地讲，C 语言字符集中的任何一个字符均可用转义字符来表示。表中的\ddd 和\xhh 正是为此而提出的。ddd 和 hh 分别为八进制和十六进制的 ASCII 代码。如\101 表示字母“A”，\102 表示字母“B”，\134 表示反斜线，\X0A 表示换行等。

2. 标识符

标识符用于标识 C 语言程序中需要取名字的量，如变量名、符号常量名、函数名、数组名、类型名、文件名等。标识符是由字母或下划线开头，由字母、数字或下划线组成的字符序列，并且区分大小写。

合法的标识符实例：_it、lead_ABC、A2 等。

不合法的标识符实例：NO.1、X+Y=、88this、A * B=等。

3. 常量和符号常量

在程序执行过程中，其值不发生改变的量称为常量。在 C 语言中常见的常量有以下 2 种。

(1) 直接常量(字面常量)，即在程序中直接使用的常数。例如：

- 整型常量：如 12、0、-3；
- 实型常量：如 4.6、-1.23；
- 字符常量：如'a'、'b'。

(2) 符号常量，即用标识符代表的一个常量。符号常量在使用之前必须先定义，其定义形式为：

```
#define 标识符 常量
```

其功能是把该标识符定义为其后的常量值。一经定义，以后在程序中所有出现该标识符的地方均代之为该常量值。

习惯上符号常量的标识符用大写字母，变量标识符用小写字母，以示区别。

4. 变量

在程序运行过程中其值可以改变的量称为变量。变量具有 3 个基本要素：变量名、数据类型、值。

(1) 变量的名字

变量是内存中的存储单元(所占字节数由类型确定)，在程序中用变量名表示。变量必须先定义后使用，一般放在函数体的开头部分。要注意区分变量名和变量值是两个不同的概念，如图 2.2 所示。

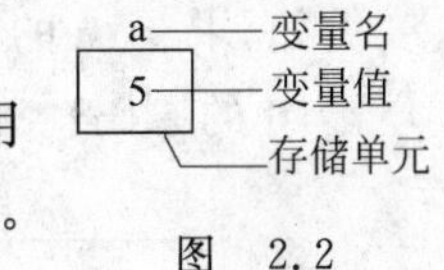

图　2.2

变量名是一个标识符，如 sum、average、total、month、Student_name 均可以定义为变量。

小贴士：

① 变量名不能使用系统的关键字(保留字)。

② 命名尽可能做到“见名知意”，以便于记忆和提高程序的可读性。

③ 变量名常用小写字母。

④ 若某一变量名由多个单词组成，为了便于阅读，各单词之间用下划线连接，或中间各单词的第一个字母用大写字母。

(2) 变量的定义

定义变量的目的是说明变量的类型，以便机器为变量预留规定的存储空间，并使变量名和存储空间建立对应关系。C 语言中定义变量的语句有如下格式：

```
类型说明符 变量名[=初值],变量名[=初值],…;
```

例如，下列都是合法的变量定义语句：

```
int a,b,c;
double x,y,z;
int size = 100;
```

说明：

① 在同一程序模块中不能定义同名变量，在不同程序模块中可以定义同名变量。

② 定义变量时，可以用"="为变量赋初值。若定义变量时不赋初值，变量可能取得默认值或无效值。例如：

```
float a,b,c,d,e;
int n = 3,m = 5,k = 7;
char c1 = 'a',c2 = 'b',c3 = 'c';
```

③ 在C语言中常用的数据类型有整型int、实型float和double、字符型char。

(3) 整型变量

① 整型数据在内存中的存放形式

例如，下列语句定义的整型变量i在内存中以二进制形式存储，占用两个字节。

```
short int i;
i = 10;
```

28个"0"

0	0	0	…	0	0	0	0	0	0	0	0	0	0	0	1	0	1	0

在计算机中，带符号的数是以补码形式表示的，

- 正数的补码和原码相同；
- 负数的补码：除符号位外其他各位取反，再加1。

例如，求−10的补码。

−10的原码：

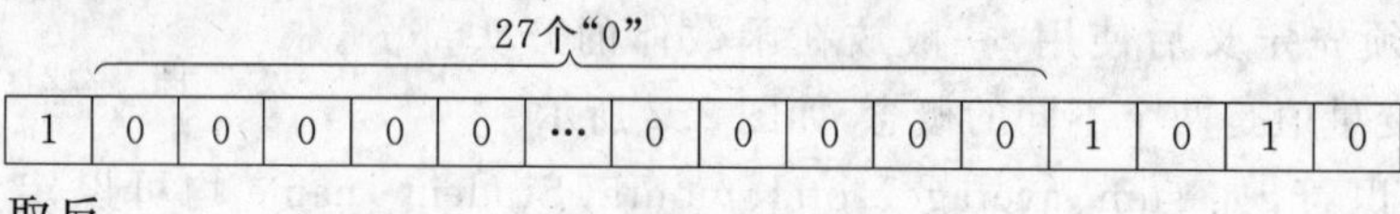

取反：

28个"1"

1	1	1	1	1	1	…	1	1	1	1	1	0	1	0	1

再加1，得−10的补码：

28个"1"

1	1	1	1	1	1	…	1	1	1	1	1	0	1	1	0

注：数值型数据在计算机中都是以二进制方式存储的，其左边的第一位一般为符号位，0表示正数，1表示负数。

② 整型变量的分类

基本整型：类型说明符为int，在Turbo C中与短整型相同，在VC中与长整型相同。

短整型：类型说明符为short int或short。在内存中占2B，与基本整型相同。

长整型：类型说明符为long int或long，在内存中占4B。

无符号整型：类型说明符为 unsigned。

无符号整型就是整型数的符号位去掉，作为数值位中的最高位，只能表示正数，不能表示负数。无符号整型可以与上述三种类型匹配而构成。

- 无符号基本整型：类型说明符为 unsigned int 或 unsigned。
- 无符号短整型：类型说明符为 unsigned short。
- 无符号长整型：类型说明符为 unsigned long。

有符号短整型变量最大表示 32767。

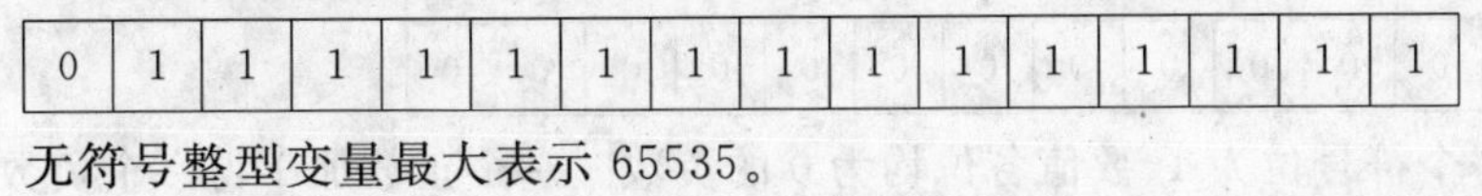

0	1	1	1	1	1	1	1	1	1	1	1	1	1	1	1

无符号整型变量最大表示 65535。

1	1	1	1	1	1	1	1	1	1	1	1	1	1	1	1

表 2.2 列出了标准 C 语言中各类整型量所分配的内存字节数及数的表示范围。

表 2.2　标准 C 语言中各类整型量占用字节数及表示范围

类型说明符	数的范围	字节数
int	在 Turbo C 中与短整型相同，在 VC 中与长整型相同	2
unsigned int	0～65535 即 $0\sim2^{16}-1$	2
short int	－32768～2767 即 $-2^{15}\sim2^{15}-1$	2
unsigned short int	0～65535 即 $0\sim2^{16}-1$	2
long int	－2147483648～2147483647 即 $-2^{31}\sim2^{31}-1$	4
unsigned long	0～294967295 即 $0\sim2^{32}-1$	4

下面以 13 为例说明各种类型的整数在机器中的表示情况。

int 型：

00	00	00	00	00	00	11	01

short int 型：

00	00	00	00	00	00	11	01

long int 型：

00	00	00	00	00	00	00	00	00	00	00	00	00	00	11	01

unsigned int 型：

00	00	00	00	00	00	11	01

unsigned short int 型：

00	00	00	00	00	00	11	01

unsigned long int 型：

00	00	00	00	00	00	00	00	00	00	00	00	00	00	11	01

③ 整型数据的溢出

如果程序运行中出现了数据超出机器能表示的范围，则机器出现溢出。

例如，整数表示的范围为－32768～32767。如果要计算 32767＋1＝？

这两个数在计算机中的存储情况为：

32767：

0	1	1	1	1	1	1	1	1	1	1	1	1	1	1	1

1：

0	0	0	0	0	0	0	0	0	0	0	0	0	0	0	1

32767＋1＝：

1	0	0	0	0	0	0	0	0	0	0	0	0	0	0	0

即32767加1,得到一个符号位为1、数值各位均为0的负数。一个正数加1得一个负数,显然运算结果出错,就是因为结果超过了short能表示的最大正数,产生溢出。

(4) 实型变量

① 实型数据在内存中的存放形式

实型数据一般占4B(32位)内存空间,按指数形式存储。例如,实数3.14159在内存中的存放形式如下：

+	.314159	1
数符	小数部分	指数

- 小数部分占的位(bit)数愈多,数的有效数字愈多,精度愈高。
- 指数部分占的位数愈多,则能表示的数值范围愈大。

② 实型变量的分类

实型变量分为单精度(float型)、双精度(double型)。

在标准C语言中,单精度型占用4B(32位)内存空间,其数值范围为3.4E－38～3.4E＋38,只能提供七位有效数字；双精度型占用8B(64位)内存空间,其数值范围为1.7E－308～1.7E＋308,可提供16位有效数字,如表2.3所示。

表2.3 标准C语言中的实型数

类型说明符	比特数(字节数)	有效数字	数的范围
float	32(4)	6～7	10^{-37}～10^{38}
double	64(8)	15～16	10^{-307}～10^{308}

③ 实型数据的舍入误差

由于实型变量是由有限的存储单元组成的,因此能提供的有效数字总是有限的。

小贴士：

- 对单精度浮点型,有效数字位只有7位。
- 对双精度型,有效数字位为16位。(但printf函数规定,若不指定小数位数,小数点后最多保留六位,其余部分四舍五入)
- 实型常数不分单、双精度,都按双精度double型处理。

(5) 字符变量

字符变量用来存储字符常量,即单个字符。字符变量只有char型。字符变量类型定义的格式和书写规则都与整型变量相同。例如：

```
char a,b;
```

① 字符数据在内存中的存储形式

每个字符变量被分配一个字节的内存空间,因此只能存放一个字符。字符值是以ASCII码的形式存放在变量的内存单元之中的。

如'x'的十进制形式ASCII码值等于120,'y'的十进制ASCII码是121。如果对字符变量a、b赋予'x'和'y'值,实际上是在a、b两个单元内存放120和121的二进制代码。

a:

0	1	1	1	1	0	0	0

b:

0	1	1	1	1	0	0	1

所以也可以把字符数据看成是整型量。C语言允许对整型变量赋以字符值,也允许对字符变量赋以整型值。在输出时,允许把字符变量按整型量输出,也允许把整型量按字符量输出。

注意:整型量为2字节或4字节量,字符型量为单字节量,当整型量按字符型量处理时,只有低位字节参与处理。

② 字符串型数据

字符串型数据是由一对双引号括起的字符序列。例如,"CHINA"、"C program"、"$12.5"等都是合法的字符串。

字符串常量和字符常量是不同的量。它们之间主要有以下区别:

- 字符常量由单引号括起来,字符串常量由双引号括起来。
- 字符常量只能是单个字符,字符串常量则可以含一个或多个字符。
- 可以把一个字符常量赋给一个字符变量,但不能把一个字符串常量赋给一个字符变量。在C语言中没有相应的字符串变量,但是可以用一个字符数组来存放一个字符串常量(在数组一章再予介绍)。
- 字符常量占一个字节的内存空间,且不能为空,即''没有意义。字符串常量占的内存字节数等于字符串中字节数加1。增加的一个字节中存放字符"\0"(ASCII码为0)。这是字符串结束的标志。所以字符串可能为空,即""表示只含结束标志"\0"的字符串。

例如,字符串"C program"在内存中所占的字节为:

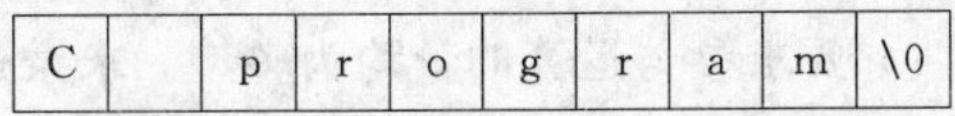

C		p	r	o	g	r	a	m	\0

字符常量'a'和字符串常量"a"虽然都只有一个字符,但在内存中的情况是不同的。

'a'在内存中占一个字节,可表示为:

a

"a"在内存中占二个字节,可表示为:

a	\0

5. 运算符和表达式

运算符是一种向编译程序说明一个特定运算的符号。C语言的运算符极其丰富,不仅具有不同的优先级，还有自己的结合性。由运算符将运算量连接起来的运算式子叫表达式。

在程序语句描述的表达式中，各运算量参与运算的先后顺序不仅要遵守运算符优先级别的规定，还要受运算符结合性的制约，以便确定是自左向右进行运算还是自右向左进行运算。这种结合性是其他大多数高级语言运算符中没有的，因此也增加了C语言的复杂性。

表2.4列出了C语言的运算符及其优先级和结合性。

表2.4　C语言运算符的优先级和结合性

<table>
<tr><th>优先级</th><th>运　算　符</th><th>解　　释</th><th>结合方式</th></tr>
<tr><td>1</td><td>() [] -> .</td><td>括号(函数等)，数组，两种结构成员访问</td><td>由左向右</td></tr>
<tr><td>2</td><td>! ~ ++ -- + -
* & (类型) sizeof</td><td>否定，按位否定，自增，自减，正负号，指针运算，取地址，类型转换，求大小</td><td>由右向左</td></tr>
<tr><td>3</td><td>* / %</td><td>乘，除，取模</td><td>由左向右</td></tr>
<tr><td>4</td><td>+ -</td><td>加，减</td><td>由左向右</td></tr>
<tr><td>5</td><td><< >></td><td>左移，右移</td><td>由左向右</td></tr>
<tr><td>6</td><td>< <= >= ></td><td>小于，小于等于，大于等于，大于</td><td>由左向右</td></tr>
<tr><td>7</td><td>== !=</td><td>等于，不等于</td><td>由左向右</td></tr>
<tr><td>8</td><td>&</td><td>按位与</td><td>由左向右</td></tr>
<tr><td>9</td><td>^</td><td>按位异或</td><td>由左向右</td></tr>
<tr><td>10</td><td>|</td><td>按位或</td><td>由左向右</td></tr>
<tr><td>11</td><td>&&</td><td>逻辑与</td><td>由左向右</td></tr>
<tr><td>12</td><td>‖</td><td>逻辑或</td><td>由左向右</td></tr>
<tr><td>13</td><td>? :</td><td>条件</td><td>由右向左</td></tr>
<tr><td>14</td><td>= += -= *= /= &= ^=
|= <<= >>=</td><td>各种赋值</td><td>由右向左</td></tr>
<tr><td>15</td><td>,</td><td>逗号(顺序)</td><td>由左向右</td></tr>
</table>

(1) 算术运算符

用于各类数值运算，包括加(+)、减(-)、乘(*)、除(/)、求余(或称模运算，%)、自增(++)、自减(--)。

除法运算符为双目运算符，具有左结合性。参与运算量均为整型时，结果也为整型，舍去小数。

求余数运算符是双目运算符，具有左结合性。要求参与运算的量均为整型。求余运算的结果等于两数相除后的余数。

(2) 关系运算符

用于比较运算，包括大于(>)、小于(<)、等于(==)、大于等于(>=)、小于等于(<=)和不等于(!=)。

(3) 逻辑运算符

用于逻辑运算，包括与(&&)、或(‖)、非(!)三种。

(4) 位操作运算符

参与运算的量按二进制位进行运算。包括位与(&)、位或(|)、位非(~)、位异或(^)、左移(<<)、右移(>>)。

(5) 赋值运算符

用于赋值运算,分为简单赋值(=)、复合算术赋值(+=、-=、*=、/=、%=)和复合位运算赋值(&=、|=、^=、>>=、<<=)3 类共 11 种。

(6) 条件运算符(?:)

这是一个三目运算符,根据条件求值。

(7) 逗号运算符(,)

用于把若干表达式组合成一个表达式。

(8) 指针运算符

对指针和变量进行运算。有指针间接访问运算符(*)和变量取地址运算符(&)二种。

(9) 求字节数运算符

用于计算不同数据类型存储在内存中所占用的字节数(sizeof)。

(10) 特殊运算符

有函数运算符()、下标运算符[]、成员选择运算符(→、.)等几种。

6. 类型转换问题

如果赋值运算符两边的数据类型不相同,系统将自动进行类型转换,即把赋值号右边的类型换成左边的类型。具体规定如下。

(1) 实型赋予整型,舍去小数部分。

(2) 整型赋予实型,数值不变,但将以浮点形式存放,即增加小数部分(小数部分的值为 0)。

(3) 字符型赋予整型,由于字符型为一个字节,而整型为二个字节,故将字符的 ASCII 码值放到整型量的低八位中,高八位为 0。整型赋予字符型,只把低八位赋予字符量。

7. 各类数值型数据之间的混合运算

变量的数据类型是可以转换的。转换的方法有两种,一种是自动转换,一种是强制转换。

(1) 自动转换

自动转换发生在不同数据类型量的混合运算时,由编译系统自动完成。自动转换遵循以下规则:

① 若参与运算量的类型不同,则先转换成同一类型,然后进行运算。

② 转换按数据长度增加的方向进行,以保证精度不降低。如 short 型和 long 型运算时,先把 short 量转成 long 型后再进行运算。

③ char 型和 short 型参与运算时,必须先转换成 int 型。

④ 在赋值运算中,赋值号两边量的数据类型不同时,赋值号右边量的类型将转换为左边量的类型。如果右边量的数据类型长度比左边长时,将丢失一部分数据,这样会降低精度,丢失的部分按四舍五入向前舍入。

图 2.3 表示了类型自动转换的规则。

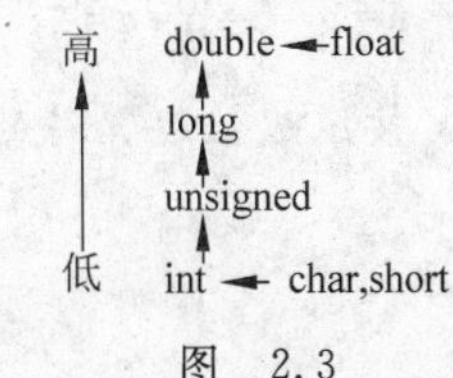

图 2.3

(2) 强制类型转换

强制类型转换是通过类型转换运算来实现的。

格式如下:

```
(类型说明符)表达式
```

功能：是把表达式的运算结果强制转换成类型说明符所表示的类型。例如：

```
(float) a        把 a 转换为实型
(int)(x + y)     把 x+y 的结果转换为整型
```

在使用强制转换时应注意以下问题。

① 类型说明符和表达式都必须加括号(单个变量可以不加括号)。例如，如果把(int)(x+y)写成(int)x+y，则意义变成了把 x 转换成 int 型之后再与 y 相加。

② 无论是强制转换或是自动转换，都只是为了本次运算的需要而对变量的数据长度进行的临时性转换，而不改变数据说明时对该变量定义的类型。

2.2.2 C语言的基本语句

1. 表达式语句

一般形式为：

```
表达式;
```

执行表达式语句就是计算表达式的值。例如：

```
x = y + z;     //赋值语句
y + z;         //加法运算语句，但计算结果不能保留，无实际意义
i++;           //自增 1 语句，i 值增 1
```

2. 赋值语句

一般形式为：

```
变量 = 表达式;
```

功能和特点与赋值表达式相同。

小贴士：

(1) 由于在赋值符“=”右边的表达式也可以是一个赋值表达式，因此下述形式是成立的，从而形成嵌套的情形。

```
变量 = (变量 = 表达式);
```

其展开之后的一般形式为：

```
变量 = 变量 = … = 表达式;
```

例如：

```
a = b = c = d = e = 5;
```

按照赋值运算符的右结合性，因此实际上等效于：

```
e = 5;
d = e;
c = d;
```

```
b=c;
a=b;
```

(2) 将在变量说明中给变量赋初值与赋值语句相区别。给变量赋初值是变量说明的一部分,赋初值后的变量与其后的其他同类变量之间仍必须用逗号间隔,而赋值语句则必须用分号结尾。例如:

```
int a=5,b,c;
```

(3) 在变量说明中,不允许连续给多个变量赋初值,而赋值语句允许连续赋值。

如下述说明是错误的:

```
int a=b=c=5;
```

必须写为:

```
int a=5,b=5,c=5;
```

(4) 区别赋值表达式和赋值语句。赋值表达式是一种表达式,它可以出现在任何允许表达式出现的地方,而赋值语句则不能。

例如,if((x=y+5)>0) z=x;是合法的,其功能是:若表达式 x=y+5 大于 0 则执行赋值操作 z=x;而 if((x=y+5;)>0) z=x;是非法的,因为“x=y+5;”是语句,不能出现在表达式中。

2.2.3 数据输入输出的概念及在C语言中的实现

所谓输入输出是以计算机为主体而言的。

在C语言中,所有的数据输入输出都是由库函数完成的。源文件开头应有以下预编译命令:

```
#include<stdio.h>
```

或

```
#include"stdio.h"
```

stdio 是 standard input&output 的意思。

1. printf 函数

printf 函数称为格式输出函数,其关键字最末一个字母 f 即为“格式”(format)之意。其功能是按用户指定的格式,把指定的数据显示到显示器屏幕上。

(1) printf 函数调用的一般形式

函数调用的形式为:

```
printf("格式控制字符串",输出列表)
```

其中“格式控制字符串”用于指定输出格式。格式控制字符串可由格式字符串和非格式字符串两种组成。格式字符串是以“%”开头的字符串,在“%”后面跟有各种格式字符,以说明输出数据的类型、形式、长度、小数位数等。如:

“%d”表示按十进制整型输出；

“%ld”表示按十进制长整型输出；

“%c”表示按字符型输出等。

非格式字符串在输出时原样照印，在显示中起提示作用。

输出列表中给出了各个输出数据项，要求格式字符串和各输出数据项在数量和类型上应该一一对应。

（2）格式字符串

格式字符串的一般形式为

[标志][输出最小宽度][.精度][长度]类型

[]中的项为可选项，各项的意义介绍如下。

① 类型：类型字符用以表示输出数据的类型，其格式符和意义如表2.5所示。

表2.5 printf函数的格式字符

格式字符	意义
d	以十进制形式输出带符号整数(正数不输出符号)
o	以八进制形式输出无符号整数(不输出前缀0)
x,X	以十六进制形式输出无符号整数(不输出前缀Ox)
u	以十进制形式输出无符号整数
f	以小数形式输出单、双精度实数
e,E	以指数形式输出单、双精度实数
g,G	以%f或%e中较短的输出宽度输出单、双精度实数
c	输出单个字符
s	输出字符串

② 标志：标志字符为－、＋、＃、空格四种，其意义如表2.6所示。

表2.6 标志

标志	意义
－	结果左对齐，右边填空格
＋	输出符号(正号或负号)
空格	输出值为正时冠以空格，为负时冠以负号
＃	对c,s,d,u类无影响；对o类，在输出时加前缀o；对x类，在输出时加前缀0x；对e,g,f类，当结果有小数时才给出小数点

③ 输出最小宽度：用十进制整数来表示输出的最少位数。若实际位数多于定义的宽度，则按实际位数输出，若实际位数少于定义的宽度则补以空格或0。

④ 精度：精度格式符以“.”开头，后跟十进制整数。本项的意义是：如果输出的是数字，则表示小数的位数；如果输出的是字符，则表示输出字符的个数；若实际位数大于所定义的精度数，则截去超过的部分(数字进行四舍五入处理)。

⑤ 长度：长度格式符为h、l两种，h表示按短整型量输出，l表示按长整型量输出。

2. scanf 函数

scanf 函数称为格式输入函数，即按用户指定的格式从键盘上把数据输入到指定的变量之中。

(1) scanf 函数的一般形式

一般形式为：

```
scanf("格式控制字符串",地址表列);
```

其中，格式控制字符串的作用与 printf 函数相同，但不能显示非格式字符串，也就是不能显示提示字符串。地址列表中给出各变量的地址。地址是由地址运算符"&"后跟变量名组成的。

例如，&a、&b 分别表示变量 a 和变量 b 的地址，这个地址就是编译系统在内存中给 a、b 变量分配的地址。

(2) 格式字符串

在 scanf 函数中，格式字符串的一般形式为：

```
%[*][输入数据宽度][长度]类型
```

其中，有方括号"[]"的项为任选项，各项的意义如下。

① 类型：表示输入数据的类型，其格式符和意义如表 2.7 所示。

表 2.7 scanf 函数的格式符

格 式 符	意 义
d	输入十进制整数
o	输入八进制整数
x	输入十六进制整数
u	输入无符号十进制整数
f 或 e	输入实型数(用小数形式或指数形式)
c	输入单个字符
s	输入字符串

② "*"符。用以表示该输入项，读入后不赋予相应的变量，即跳过该输入值。例如：

```
scanf("%d %*d %d",&a,&b);
```

当输入为 1　2　3 时，把 1 赋予 a，2 被跳过，3 赋予 b。

③ 宽度。用十进制数输入时指定输入的宽度(即字符数，带小数的数包括小数点)。例如：

```
scanf("%5d",&a);
```

当输入 12345678 时，只把 12345 赋予变量 a，其余部分被截去。又如：

```
scanf("%4d%4d",&a,&b);
```

当输入 12345678 时，将把 1234 赋予 a，而把 5678 赋予 b。

④ 长度。长度格式符为 l 和 h。l 表示输入长整型数据(如%ld) 和双精度浮点数(如%lf)，h 表示输入短整型数据。

小贴士：

① scanf 函数中没有精度控制，如“scanf("%5.2f",&a);”是非法的。虽然编译时不报错，但运行时，不能用此语句输入含 2 位小数的实数，结果变量 a 不能获取有效的实数。

② scanf 中要求给出变量地址，如给出变量名则会出错。如“scanf("%d",a);”是非法的，应改为“scanf("%d",&a);”。

③ 在输入多个数值数据时，若格式控制字符串中没有非格式字符作输入数据之间的间隔，则可用空格、TAB 或回车键作间隔。C 语言编译在碰到空格、TAB、回车键或非法数据(如对"%d"输入"12A"时，A 即为非法数据)时即认为该数据结束。

④ 在输入字符数据时，若格式控制字符串中无非格式字符，则认为所有输入的字符均为有效字符。例如：

```
scanf("%c%c%c",&a,&b,&c);
```

输入为 d e f，则把'd'赋予 a，' '赋予 b，'e'赋予 c。

只有当输入为“def”时，才能把'd'赋予 a，'e'赋予 b，'f'赋予 c。如果在格式控制字符串中加入空格作为间隔，如“scanf ("%c %c %c",&a,&b,&c);”，则输入时各数据之间可加空格。

⑤ 如果格式控制字符串中有非格式字符，则输入时也要输入该非格式字符。例如：

```
scanf("%d,%d,%d",&a,&b,&c);
```

其中用非格式符“,”作间隔符，故输入时应为“5,6,7”。又如：

```
scanf("a=%d,b=%d,c=%d",&a,&b,&c);
```

则输入应为：a=5,b=6,c=7。

⑥ 如果格式控制字符串指定的数据类型与变量的数据类型不一致，虽然编译能够通过，但结果将不正确。

3. putchar 函数

putchar 函数是字符输出函数，其功能是在显示器上输出单个字符，并返回输出字符的 ASCII 码。一般形式为：

```
putchar(字符变量)
```

函数参数可以是字符常量、变量或整型量。

4. getchar 函数

getchar 函数的功能是从键盘上输入一个字符，一般形式为：

```
getchar();
```

函数返回从键盘输入的一个字符。通常把输入的字符赋予一个字符变量，构成赋值语句，如：

```
char c;
```

```
c = getchar();
```

小贴士：

(1) getchar 函数只能接受单个字符，输入数字也按字符处理。输入多个字符时，只接收第一个字符。

(2) 使用本函数前必须包含文件"stdio.h"。

(3) 本函数运行时，程序将在命令提示符下等待用户输入。输入完毕继续程序后续指令的执行。

(4) 如果程序中连续多次使用 getchar 函数接收字符，应该一次输入所需的全部字符，再按回车键，该函数运行时会自动到键盘输入缓冲区逐个读取字符。

2.3 实验内容

2.3.1 验证性实验

实例 2.1　运行程序，体会 printf 函数的意义。

```
#include < stdio.h >
void main()
{
    int a = 88, b = 89;
    printf(" %d %d\n", a, b);
    printf(" %d, %d\n", a, b);
    printf(" %c, %c\n", a, b);
    printf("a = %d, b = %d\n", a, b);
}
```

程序运行结果如图 2.4 所示。

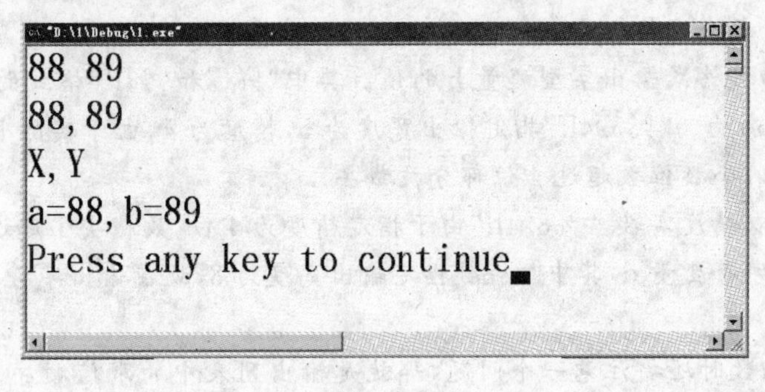

图　2.4

程序说明：

程序中四次输出了 a、b 的值，但由于格式控制字符串不同，输出的结果也不相同。

第一条 printf 输出语句的格式控制字符串中，“%d”之间加了一个空格(非格式字符)，所以输出的 a、b 值之间有一个空格。

第二条 printf 语句格式控制字符串中加入的是非格式字符逗号，因此输出的 a、b 值之间加了一个逗号。

第三条 printf 输出语句的格式控制字符串要求按字符型输出 a、b 值。

第四条 printf 输出语句中为了提示输出结果又增加了非格式字符串，程序照原样输出。

实例 2.2 运行下面程序，体会 printf 函数的应用。

```c
#include<stdio.h>
void main()
{
    int a = 15;
    float b = 123.1234567;
    double c = 12345678.1234567;
    char d = 'p';
    printf("a= %d, %5d, %o, %x\n",a,a,a,a);
    printf("b= %f, %lf, %5.4lf, %e\n",b,b,b,b);
    printf("c= %lf, %f, %8.4lf\n",c,c,c);
    printf("d= %c, %8c\n",d,d);
}
```

程序运行结果如图 2.5 所示。

```
a=15,    15, 17, f
b=123.123459, 123.123459, 123.1235, 1.231235e+002
c=12345678.123457, 12345678.123457, 12345678.1235
d=p,        p
Press any key to continue
```

图 2.5

程序说明：

第 8 行中以四种格式输出整型变量 a 的值，其中“%5d”要求输出宽度为 5，而 a 值为 15，只有两位，故补三个空格。

第 9 行中以四种格式输出实型变量 b 的值。其中“%f”和“%lf”格式的输出相同，说明“l”符对“f”类型无影响。“%5.4lf”指定输出宽度为 5，精度为 4，由于实际长度超过 5，故应该按实际位数输出，小数位数超过 4 位部分被截去。

第 10 行输出双精度实数，“%8.4lf”由于指定精度为 4 位，故截去了超过 4 位的部分。

第 11 行输出字符变量 d，其中“%8c”指定输出宽度为 8，故在输出字符 p 之前补加 7 个空格。

使用 printf 函数时还要注意一个问题，那就是输出列表中的求值顺序。不同的编译系统不一定相同，可以从左到右，也可从右到左。VC 是按从右到左的顺序进行的。

实例 2.3 运行下面程序，体会在 printf 函数中的求值顺序。

```c
#include<stdio.h>
void main()
{
    int i = 8;
    printf("%d %d %d %d %d %d\n",++i,--i,i++,i--,-i++,-i--);
```

```
}
```

程序在VC下编译运行的结果为：

```
8788 -8 -8
```

程序说明：

在VC下函数printf输出列表的求值顺序是从右到左，对于连续的后置自增、自减，是先从右到左连续确定各输出数据项的值，然后从右到左一并完成自增、自减计算。即先确定最右边的4个带后置自增、自减数的数据项的输出值，即i、i、－i、－i各项数据的输出值，结果为“8 8 －8 －8”；然后也从右开始分别完成i＋＋、i－－、i＋＋、i－－的计算，结果i保持8不变。再处理－－i项，i先自减1，后确定输出值为7；然后才处理输出列表中的第一项＋＋i，此时i自增1后确定输出值为8；最后从左到右输出各确定下来的输出值。

在VC下函数printf输出列表中出现的连续的前置自增、自减均按照“先确定输出值，后完成自增、自减计算”的原则进行操作。

实例2.4 运行下面程序，体会scanf函数的意义。

```
#include<stdio.h>
void main()
{
    int a,b,c;
    printf("input a,b,c\n");
    scanf("%d%d%d",&a,&b,&c);
    printf("a=%d,b=%d,c=%d\n",a,b,c);
}
```

程序说明：

由于scanf函数本身不能显示提示串，故先用printf语句在屏幕上输出提示，请用户输入a、b、c的值。

执行scanf语句，程序等待用户输入。在scanf语句的格式控制字符串中由于没有非格式字符在"%d%d%d"之间作输入时的间隔，因此在输入时要用一个以上的空格或回车键作为每两个输入数之间的间隔。如：

7 8 9

或

7

8

9

实例2.5 运行下面程序，体会无间隔输入字符的方式。

```
#include<stdio.h>
void main()
{
    char a,b;
    printf("input character a,b\n");
    scanf("%c%c",&a,&b);
    printf("%c%c\n",a,b);
}
```

程序说明：

由于 scanf 函数"%c%c"中没有空格，输入 M　N，结果输出只有 M。而输入改为 MN 时则可输出 MN 两个字符。

实例 2.6　运行下面程序，体会 scanf 中指定的数据类型与变量的数据类型不一致的情况。

```
#include <stdio.h>
void main()
{
    double a;
    printf("input a number:");
    scanf("%f",&a);
    printf("a=%lf\n",a);
}
```

程序运行结果如图 2.6 所示，下划线处的 123.45678 是用户输入数据。

```
"D:\1\Debug\1.exe"
input a number:123.45678
a=-92559604945282866000000000000000000000000000000
Press any key to continue
```

图　2.6

由于格式控制字符串指定的数据类型为 float 型，而变量的数据类型为 double 型，因此输出结果和输入数据不符，输出是错的，因为变量 a 没有能获取正确的输入数据。

实例 2.7　运行下面程序，体会输出单个字符的方法。

```
#include <stdio.h>
void main()
{   char x='A';
    putchar('A');        /*输出字符'A'*/
    putchar('\101');     /*输出字符'A'*/
    putchar('\n');       /*换行*/
    putchar('\x41');     /*输出字符'A'*/
    putchar(x);          /*输出字符变量 x 的值*/
    putchar('\n');       /*换行*/
}
```

程序运行结果如图 2.7 所示。

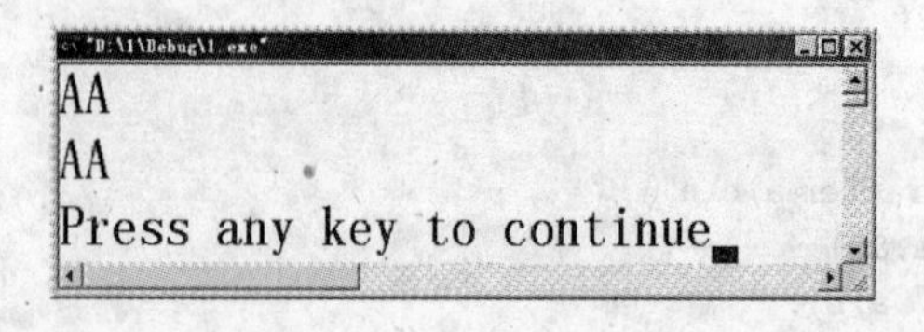

图　2.7

实例 2.8　运行下面程序，体会输入单个字符的方法。

```
#include <stdio.h>
void main()
{
    char c;
    printf("input a character: ");
    c = getchar();
    putchar(c);
    putchar('\n');
}
```

程序运行时如果输入 a，则运行结果如图 2.8 所示。

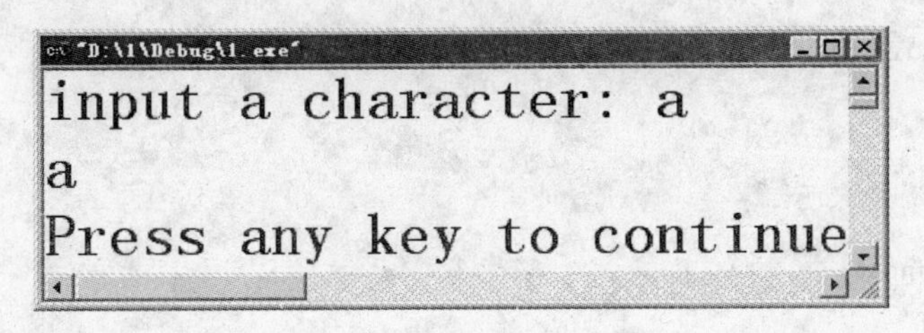

图　2.8

2.3.2　基础练习实验

1. 分析并写出下列程序的运行结果，然后运行此程序，思考为什么会得到这样的结果。

(1) 整型变量的定义与使用。

```
#include <stdio.h>
void main()
{
    int a,b,c,d;
    unsigned u;
    a = 12;b = -24;u = 10;
    c = a + u;d = b + u;
    printf("a + u = %d,b + u = %d\n",c,d);
}
```

(2) 长整型和短整型量的运算和赋值。

```
#include <stdio.h>
void main()
{
    long x;
    short a,c;
    x = 5;a = 7;
    c = x + a;
    printf("(x + a): %d\n",sizeof(x + a));
    printf("c: %d\n",sizeof(c));
    printf("c = x + a = %d\n",c);
}
```

(3) 浮点数的输出。

```
#include<stdio.h>
void main()
{
    float a;
    double b;
    a=33333.33333;
    b=33333.333333333333333;
    printf("a=%f\nb=%f\n",a,b);
}
```

(4) 实型数据的舍入误差。

```
#include<stdio.h>
void main()
{
  float a,b;
  int c,d;
  a=123456.789e3;
  b=a+20;
  c=123456789;
  d=c+20;
  printf("b=%f\n",b);
  printf("d=%d\n",d);
}
```

(5) 字符的ASCII码值做算术运算。

```
#include<stdio.h>
void main()
{
  printf("%d\n",'5'+5);
}
```

(6) 转义字符的使用。

```
#include<stdio.h>
void main()
{
  int a,b,c;
  a=5; b=6; c=7;
  printf("  ab  c\tde\rf\n");
  printf("hijk\tL\bM\n");
}
```

(7) 数据类型的自动转换。

```
#include<stdio.h>
void main()
{
  float PI=3.14159;
  int s,r=5;
```

```
    s = r * r * PI;
    printf("s = %d\n",s);
}
```

(8) 数据强制类型转换。

```
#include <stdio.h>
void main()
{
    float f = 5.75;
    printf("(int)f = %d,f = %f\n",(int)f,f);
}
```

(9) 求余运算。

```
#include <stdio.h>
void main()
{
    printf("%d\n",100 % 3);
}
```

(10) 用多个 printf 函数分别输出各项数据,体会自增、自减运算的意义。

```
#include <stdio.h>
void main()
{
    int i = 8;
    printf("%d ",++i);
    printf("%d ",--i);
    printf("%d ",i++);
    printf("%d ",i--);
    printf("%d ",-i++);
    printf("%d\n",-i--);
}
```

(11) 逗号表达式。

```
#include <stdio.h>
void main()
{
    int a = 2,b = 4,c = 6,x,y;
    y = (x = a + b,b + c,x + a);
    printf("y = %d,x = %d\n",y,x);
}
```

2. 程序填空题。请按功能完成下列程序并上机调试运行。

(1) 下面程序的功能是对输入的一个三位整数反向输出。例如输入 123,则输出 321。

```
#include <stdio.h>
void main()
{
    int num,a,b,c;
    scanf("%d",&num);
```

```
    a = num/100;
    b = ____________
    c = ____________
    num = c * 100 + b * 10 + a;
    printf(" % d\n",num);
}
```

(2) 下面程序的功能是：从键盘输入 3 个整型数，分别输出这 3 个数之和与这 3 个数之积。

```
#include < stdio.h >
void main()
{
    int a,b,c,sum,p;
    scanf(____________________);
    sum = a + b + c;
    p = ________________;
    printf("sum = % d,p = % d\n",sum,p);
}
```

(3) 下面程序的功能是：不用第 3 个变量，交换两个变量的值。

```
#include < stdio.h >
void main()
{
    int a,b;
    scanf(" % d % d",&a,&b);
    printf("a = % d,b = % d\n",a,b);
    a = ____________;
    b = ____________;
    a = ____________;
    printf("a = % d,b = % d\n",a,b);
}
```

3. 程序改错，请按照下列各程序的功能修改程序并上机调试运行。

(1) 下面程序的功能是：输出 3 个变量的平均值并输出。

```
#include < stdio.h >
void main()
{
    int x,y = z = 5,aver;
    x = 7;
    AVER = (x + y + z)/3 ;
    printf("AVER = % d\n",aver) ;
}
```

(2) 下面程序的功能是完成变量的输出。

```
#include < stdio.h >
void main()
{
   char c1 = 'a';c2 = 'b';c3 = 'c';
```

```
  int a = 3.5;b = 'A';
  printf("a = %d b = \'%c\'\"end\"n",a,b);
  printf("a%c b%c\bc%c\tabc\n",c1,c2,c3);
}
```

(3) 下面程序的功能是：输入 x 的值，按公式求 $y=\frac{\sin(x)+\log_5^x}{x^2+x+1}$ 的值。

```
#include < stdio.h >
void main()
{
   double x,y;
   scanf("%f",&x);
   y = sin(x) + log(x)/x * x + x + 1;
   printf("x = %lf,y = %lf\n",x,y);
}
```

(4) 下面程序的功能是：输入长方体的三边，求长方体的表面积和体积。

```
#include < stdio.h >
void main( )
{
   double a,b,c,s,v;
   printf(Input a,b,c:\n);
   scanf("%d%d%d",a,b,c);
   s = a * b + b * c + a * c;
   v = a * b * c;
   printf("a = %d b = %d c = %d\n",a,b,c);
   printf("s = %f\n",s, "v = %d\n",v);
}
```

2.3.3　设计性实验

1. 输入一个非负数，计算以这个数为半径的圆的周长和面积。

2. 输入圆半径 r，圆柱高 h，计算圆周长、圆面积、圆球表面积、圆球体积和圆柱体积。

3. 编程输入两个整型变量 a、b 的值，输出下列算式以及运算结果。要求每个算式占一行。

a+b、a-b、a * b、a/b、(float)a/b、a%b

4. 写程序计算三角形面积，要求三角形的三边长由键盘输入。

已知三角形的三边长 a、b、c，则该三角形的面积公式为：

$$\text{area} = \sqrt{s(s-a)(s-b)(s-c)}$$

其中 $s=(a+b+c)/2$。

结构化程序设计基础

3.1 选择结构程序设计

3.1.1 实验目的

(1) 理解顺序结构、选择结构的意义。

(2) 正确使用关系表达式和逻辑表达式表示条件。

(3) 学习选择语句 if 和 switch 的使用方法。

3.1.2 相关知识

1. 关系运算符和关系表达式

(1) 关系运算符

在程序中比较两个量大小关系的运算符称为关系运算符。

C 语言中提供的关系运算符及优先顺序如表 3.1 所示。

表 3.1 关系运算符

关系运算符	意 义	说 明
<	小于	
<=	小于或等于	
>	大于	
>=	大于或等于	
==	等于	
!=	不等于	

关系运算符都是双目运算符,其结合性均为左结合。关系运算符的优先级低于算术运算符,高于赋值运算符。在六个关系运算符中,“<”、“<=”、“>”、“>=”的优先级相同,高于“==”和“!=”,“==”和“!=”的优先级相同。

(2) 关系表达式

C 语言中关系表达式的一般形式为:

表达式 关系运算符　表达式

例如 a＋b＞c－d、x＞3/2、'a'＋1＜c、－i－5 * j＝＝k＋1 等，都是合法的关系表达式。

关系表达式也允许出现嵌套的情况。例如 a＞(b＞c)，a!＝(c＝＝d)等。

关系表达式的结果是“真”和“假”，用“1”和“0”表示。例如：

5＞0 的值为“真”，即为 1。

(a＝3)＞(b＝5)为假，即为 0。

2. 逻辑运算符和逻辑表达式

(1) 逻辑运算

C 语言中提供了 &&、‖、! 三种逻辑运算符。&& 和 ‖ 具有左结合性。! 具有右结合性。

逻辑运算符和其他运算符优先级的关系如图 3.1 所示。

逻辑运算的优先级为：!（非）→&&(与)→‖(或)。

注意：&& 和 ‖ 低于关系运算符，! 高于算术运算符。按照运算符的优先顺序可以得出：

!(非)
算术运算符
关系运算符
&& 和 ‖
赋值运算符

图　3.1

a＞b && c＞d　　等价于　(a＞b)&&(c＞d)

! b＝＝c ‖ d＜a　　等价于　((! b)＝＝c) ‖ (d＜a)

a＋b＞c&&x＋y＜b　等价于　((a＋b)＞c)&&((x＋y)＜b)

(2) 逻辑运算的值

逻辑运算的值为“真”和“假”两种，分别用“1”和“0”表示。其求值规则如下。

① 与运算(&&)

参与运算的两个量都为真时，结果才为真；否则为假。例如 5＞0&&4＞2。

② 或运算(‖)

参与运算的两个量只要有一个为真，结果就为真。两个量都为假时，结果为假。例如 5＞0 ‖ 5＞8。

③ 非运算!

参与运算的量为真时，结果为假；参与运算的量为假时，结果为真。例如!(5＞0)。

虽然 C 编译器在给出逻辑运算值时，以“1”代表“真”，“0”代表“假”。但反过来在判断一个量是为“真”还是为“假”时，以“0”代表“假”，以非“0”的数值代表“真”。

例如，由于 5 和 3 均为非“0”，因此 5&&3 的值为“真”，即为 1。

又如，5 ‖ 0 的值为“真”，即为 1。

(3) 逻辑表达式

C 语言中逻辑表达式的一般形式为：

表达式　逻辑运算符　表达式

逻辑表达式允许嵌套的情形。例如(a&&b)&&c，根据逻辑运算符的左结合性，该式也可写为 a&&b&&c。

3. if 语句

C 语言的 if 语句有三种基本形式。

(1) 单分支 if 语句

格式：

```
if(表达式) 语句
```

功能：如果表达式的值为真，则执行其后的语句；否则不执行该语句，如图 3.2 所示。

(2) 双分支 if 语句

格式：

```
if(表达式)
   语句 1
else
   语句 2
```

功能：如果表达式的值为真，则执行语句 1；否则执行语句 2。其执行过程如图 3.3 所示。

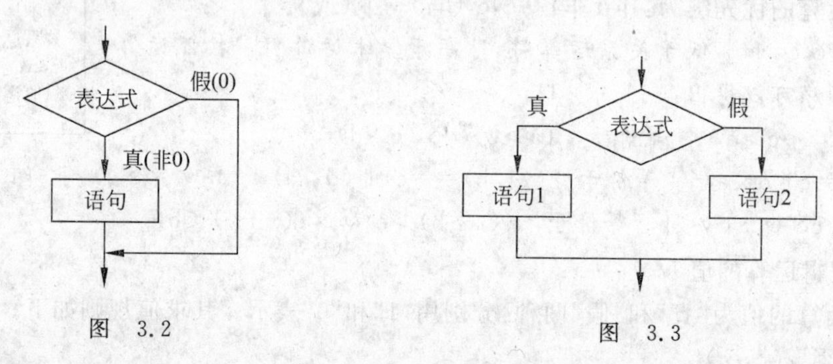

图 3.2

图 3.3

(3) 多分支 if 语句

格式：

```
if(表达式 1)
    语句 1
else if(表达式 2)
    语句 2
else if(表达式 3)
    语句 3
    …
else if(表达式 m)
    语句 m
else
    语句 n
```

功能：依次判断表达式的值，当出现某个值为真时，则执行其对应的语句，然后跳到整个 if 语句结构之外继续执行程序；如果所有的表达式均为假，则执行语句 n，然后继续执行后续程序，if-else-if 语句的执行过程如图 3.4 所示。

(4) if 语句的嵌套

当 if 语句中的执行语句又是 if 语句时，则构成了 if 语句嵌套的情形。其一般形式可表示如下：

```
if(表达式)
if 语句
```

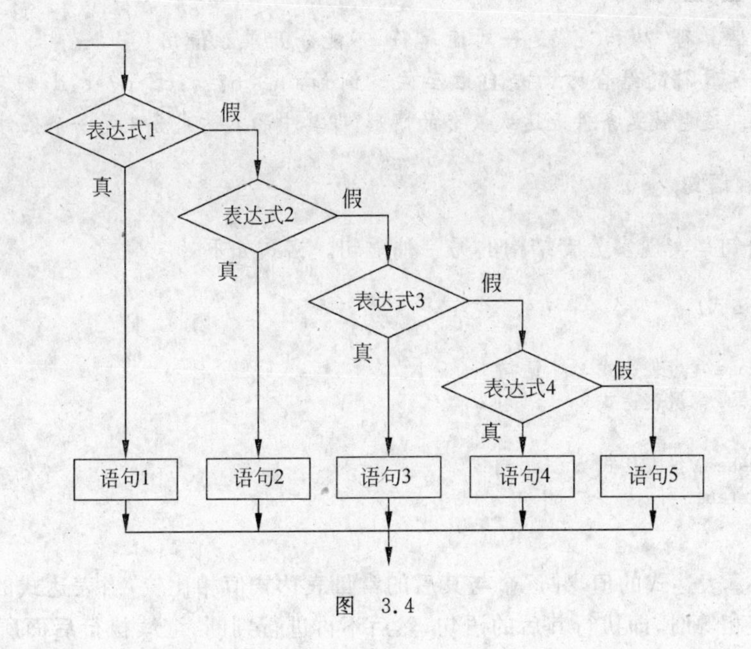

图　3.4

或者

```
if(表达式)
    if 语句
else
    if 语句
```

在嵌套内的 if 语句可能又是 if-else 型的，这将会出现多个 if 和多个 else 重叠的情况，这时要特别注意 if 和 else 的配对问题。为了避免二义性，C 语言规定，else 总是与它前面最近的、尚未配对的 if 配对。

4. 条件运算符和条件表达式

在条件语句中，只执行单个的赋值语句时，常可使用条件表达式来实现。不但使程序简洁，也提高了运行效率。条件运算符为"?"和"："，它是一个三目运算符，即有三个参与运算的量。由条件运算符组成条件表达式的一般形式为：

```
表达式 1? 表达式 2: 表达式 3
```

其求值规则为：如果表达式 1 的值为真，则以表达式 2 的值作为条件表达式的值，否则以表达式 3 的值作为整个条件表达式的值。

因此，下面的条件语句可用条件表达式写为"max=(a>b)? a:b;"。

```
if(a > b)
    max = a;
else
    max = b;
```

说明：

(1) 条件运算符的运算优先级低于关系运算符和算术运算符，但高于赋值运算符。因此 max=(a>b)? a:b 可以去掉括号而写为 max=a>b? a:b。

(2) 条件运算符"?"和":"是一对运算符,不能分开单独使用。

(3) 条件运算符的结合方向是自右至左。例如:a>b? a:c>d? c:d,应理解为 a>b? a:(c>d? c:d)。这也就是条件表达式嵌套的情形,即其中的表达式 3 又是一个条件表达式。

5. switch 语句

switch 语句是实现多分支结构的另一种语句。格式如下:

```
switch(表达式)
    {
        case 常量表达式 1:  语句 1
        case 常量表达式 2:  语句 2
        ⋮
        case 常量表达式 n:  语句 n
        default        :  语句 n+1
    }
```

功能:计算表达式的值,并逐个与其后的常量表达式值相比较,当表达式的值与某个常量表达式的值相等时,即执行其后的语句,然后不再进行判断,继续执行后面所有 case 后的语句。当表达式的值与所有 case 后的常量表达式均不相同时,则执行 default 后的语句。

3.1.3 实验内容

1. 验证性实验

实例 3.1 关系运算符的使用。

```
#include<stdio.h>
void main()
{
    char c='k';
    int i=1,j=2,k=3;
    double x=3e+5,y=0.85;
    printf("%d,%d\n",'a'+5<c,-i-2*j>=k+1);
    printf("%d,%d\n",1<j<5,x-5.25<=x+y);
    printf("%d,%d\n",i+j+k==-2*j,k==j==i+5);
}
```

程序运行后输出结果如图 3.5 所示。

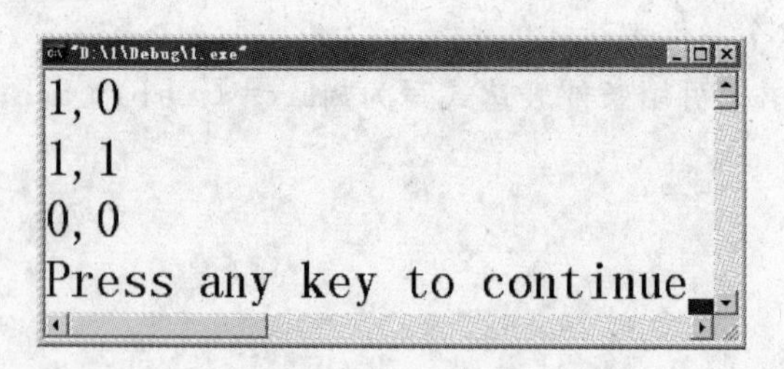

图 3.5

程序说明：

本例中求出了各种关系运算符的值。字符变量是以它对应的 ASCII 码参与运算的。对于含多个关系运算符的表达式，如 k==j==i+5，根据运算符的左结合性，先计算 k==j，该式不成立，其值为 0；再计算 0==i+5，也不成立，故表达式值为 0。

实例 3.2 逻辑运算符的使用。

```
#include<stdio.h>
void main()
{
    char c='k';
    int i=1,j=2,k=3;
    double x=3e+5,y=0.85;
    printf("%d,%d",!x*!y,!!!x);
    printf("%d,%d",x||i&&j-3,i<j&&x<y);
    printf("%d,%d\n",i==5&&c&&(j=8),x+y||i+j+k);
}
```

程序运行结果如图 3.6 所示。

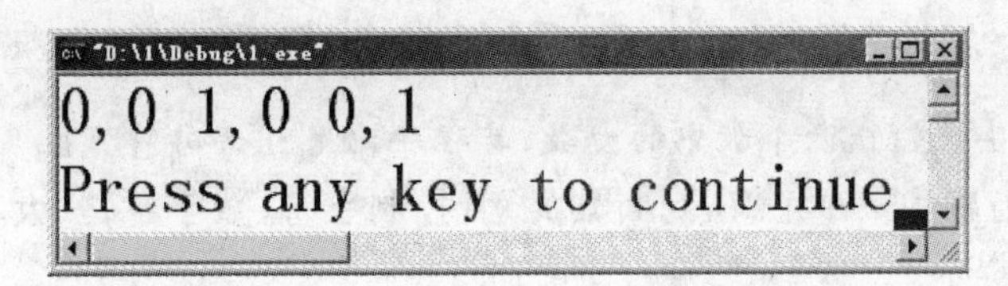

图 3.6

程序说明：

(1) ！x 和！y 分别为 0，！x*！y 也为 0，故其输出值为 0。

(2) 由于 x 为非 0，故!!! x 的逻辑值为 0。

(3) 对于 x‖i && j-3 表达式，由于 x 值为非 0，故 x‖i&&j-3 的逻辑值为 1，没有对‖右边的表达式进行求值计算。

(4) 对于 i<j&&x<y 表达式，由于 i<j 的值为 1，而 x<y 为 0，故表达式的值为 1，和 0 相与，最后为 0。

(5) 对于 i==5&&c&&(j=8) 表达式，由于 i==5 为假，即值为 0，该表达式由两个与运算符组成，所以整个表达式的值为 0。

(6) 对于表达式 x+ y‖i+j+k，由于 x+y 的值为非 0，故整个或表达式的值为 1。

实例 3.3 键盘输入 2 个整数，输出较大值。

```
#include<stdio.h>
void main()
{
    int a, b;
    printf("Input two numbers: ");
    scanf("%d%d",&a,&b);
    if(a>b)
      printf("max=%d\n",a);
```

```
    else
      printf("max = % d\n",b);
}
```

程序说明：

程序运行时，执行 scanf 语句，机器会等待用户输入数据，当用户任意输入两个数后，机器会把第一个数放入 a 中，第二个数放入 b 中。然后使用双分支 if 语句判断，先输出大数，后输出小数。程序结构清晰，意义明确。

实例 3.4 键盘输入 2 个整数，输出较大的数。

```
#include< stdio.h>
void main()
{
    int a,b;
    printf("\n input two numbers: ");
    scanf(" % d % d",&a,&b);
    printf("max = % d\n",a>b?a:b);
}
```

程序说明：

用条件表达式实现输出两个数中的大数，其程序比用 if 语句简捷很多。

实例 3.5 任意输入一个字符，判断其类别（控制字符、数字字符、大写字母、小写字母或其他字符），给出提示。

```
#include< stdio.h>
void main()
{
    char c;
    printf("input a character: ");
    c = getchar();
    if(c<32)
      printf("This is a control character\n");
    else if(c>='0'&&c<='9')
      printf("This is a digit\n");
    else if(c>='A'&&c<='Z')
      printf("This is a capital letter\n");
    else if(c>='a'&&c<='z')
      printf("This is a small letter\n");
    else
      printf("This is an other character\n");
}
```

程序说明：

由 ASCII 码表可知 ASCII 码值小于 32 的为控制字符，在“0”和“9”之间的为数字，在“A”和“Z”之间为大写字母，在“a”和“z”之间为小写字母，其余则为其他字符。这是一个多分支选择的问题，用多分支 if 语句编程，判断输入字符 ASCII 码值所在的范围，分别给出不同的输出。例如输入为“g”，输出显示它为小写字母。

实例 3.6　查找星期几的英文单词。

```
#include < stdio.h >
void main()
{
    int a;
    printf("input integer number: ");
    scanf("%d",&a);
    switch (a)
    {
      case 1:printf("Monday\n");break;
      case 2:printf("Tuesday\n"); break;
      case 3:printf("Wednesday\n");break;
      case 4:printf("Thursday\n");break;
      case 5:printf("Friday\n");break;
      case 6:printf("Saturday\n");break;
      case 7:printf("Sunday\n");break;
      default:printf("error\n");
    }
}
```

程序运行结果如图 3.7 所示。

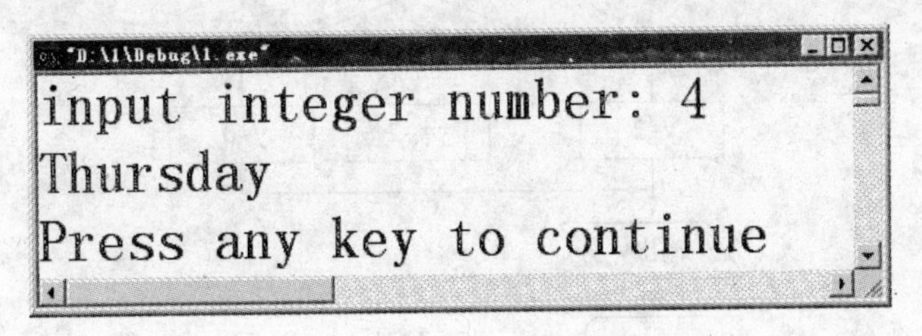

图　3.7

程序说明：

本程序要求输入一个数字，再输出一个对应的英文单词。由于在 switch 语句中，"case 常量表达式"只相当于一个语句标号，表达式的值和某标号相等则转向该标号执行，但不能在执行完该标号的语句后自动跳出整个 switch 语句，所以在每个 case 语句之后增加 break 语句，使每一次执行之后均可跳出 switch 语句，从而避免输出不应有的结果。

2. 基础练习实验

(1) 应用C语言的分支语句将流程图翻译成C语言程序，并上机调试，验证程序功能是否达到题目要求。

① 输入一个整数，判断其奇偶性，如图 3.8 所示。

② 求分段函数的值，如图 3.9 所示。

$$y=\begin{cases}2, & x>1\\0, & x=1\\-2, & x<1\end{cases}$$

(2) 分析并写出下列程序的运行结果，然后运行此程序，思考为什么会得到这样的

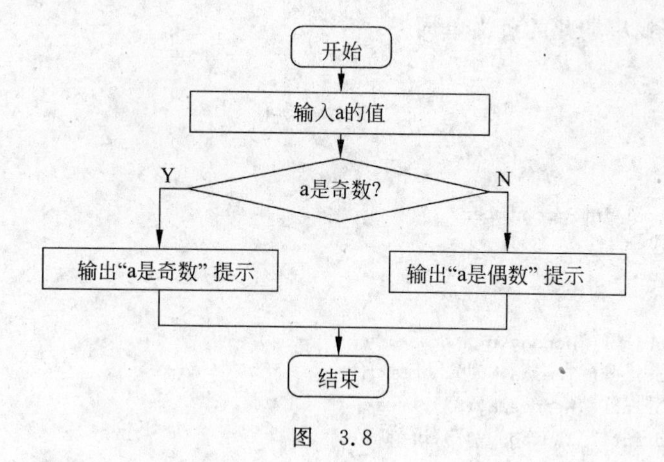

图 3.8

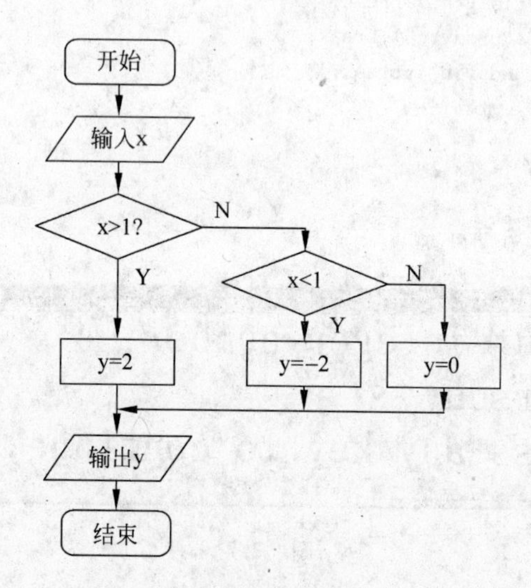

图 3.9

结果。

①

```
#include <stdio.h>
void main()
{
  int a = 2,b = 3,c;
  c = a;
  if(a > b) c = 1;
  else if (a == b)c = 0;
       else c = -1;
  printf("%d\n",c);
}
```

②

```
#include <stdio.h>
void main()
```

```
{
  int a,b,c,d,x;
  a = c = 0;
  b = 1;
  d = 20;
  if(a)d = d - 10;
  else if(!b)
      if(!c) x = 15;
      else x = 25;
  printf("%d\n",d);
}
```

③

```
#include <stdio.h>
void main()
{
  int x,y = 1;
  if(y!= 0) x = 5;
  printf("\t%d\n",x);
  if(y == 0) x = 4;
  else x = 5;
  printf("\t%d\n",x);
    x = 1;
  if(y < 0)
      if(y > 0) x = 4;
      else x = 5;
  printf("\t%d\n",x);
}
```

④ 分别用下面的 2 个测试数据,分析如下程序的输出结果。

```
#include <stdio.h>
void main()
{
   float x,y;
   y = 0;
   scanf("%f",&x);
   if(x >= 2)
     if(x > 2)
       y = 2;
     else
       y = -2;
   printf("x = %f,y = %f\n",x,y);
}
```

测试数据为:

998↙

−998↙

⑤ 分别用下面的各组测试数据,分析如下程序的输出结果。

```
#include <stdio.h>
void main()
{
    int i;
    scanf("%d",&i);
    switch (i)
    {
        case 1:
                printf("I am in the case 1\n");
        case 2:
                printf("I am in the case 2\n");
                break;
        case 3:
                printf("I am in the case 3\n");
        default:
                printf("I am in the default\n");
    }
}
```

测试数据为：

0↙

1↙

2↙

3↙

⑥

```
#include <stdio.h>
void main()
{
  int x = 1, y = 0, a = 0, b = 0;
  switch(x)
  { case 1:
          switch(y)
        {case 0:a++;break;
         case 1:b++;break;
        }
    case 2:
        a++;b++;break;
  }
   printf("a = %d, b = %d\n",a,b);
}
```

(3) 程序填空题。请按功能完善下列程序并上机调试运行。

① 下面程序的功能是：从键盘输入一个小写字母，输出该字母循环后移 5 个位置后的字母。如输入'a'，则输出'f'；输入'w'，则输出'b'。

```
#include <stdio.h>
void main()
{
```

```
    char c;
    c = getchar();
    if (____________) c = c + 5;
    else if (c >= 'v' && c <= 'z') c = c - 21;
    ________________;
}
```

② 下面程序的功能是：判断从键盘输入的3个正整数中奇数和偶数的个数。

```
#include <stdio.h>
void main()
{
    int a,b,c,result;
    scanf("%d%d%d",&a,&b,&c);
    result = a%2 + b%2 + c%2;
    if(______________)
        printf("3个数全为偶数\n");
    else if(________________)
        printf("3个数中有1个奇数,2个偶数\n");
    else if(______________)
        printf("3个数中有2个奇数,1个偶数\n");
    else
        printf("3个数全为奇数\n");
}
```

③ 下面程序的功能是模拟计算器。用户输入运算数和四则运算符,输出计算结果。

```
#include <stdio.h>
void main()
{
    float a,b;      /*a和b保存运算数*/
    char c;         /*c保存运算符*/
    printf("input expression: a+(-,*,/)b \n");
    scanf("%f%c%f",&a,&c,&b);
    switch(c)
    {
      case '+': printf("%f\n",a+b);__________;
      case '-': printf("%f\n",a-b);break;
      case '*': printf("%f\n",a*b);break;
      case '/': printf("%f\n",a/b); break;
      ______________: printf("input error\n");
    }
}
```

(4) 程序改错。请按照下列各程序的功能修改程序并上机调试运行。

① 输入三个整数,输出最大数和最小数。

```
#include <stdio.h>
void main()
{
    int a,b,c,max,min;
    printf("input three numbers: ");
```

```
    scanf(" %d%d%d",&a,&b,&c);
    if(a>b)
      {a=max;min=b;}
    else
      {max=b;min=a;}
    if(max<c)
      max=c;
    else
      if(min>c)
        min=c
    printf("max= %d\nmin= %d\n",max,min);
}
```

② 下面程序的功能是：从键盘输入一个字母字符，若为小写（大写）字母，则输出对应的大写（小写）字母。

```
#include <stdio.h>
void main()
{
    char ch1,ch2;
    ch1=getchar();
    if('Z'>=ch1>='A')
        ch2=ch1+32;
    else
        ch2=ch1-32;
    putchar(ch2);
}
```

③ 下面的程序的功能是：从键盘输入三角形的三边，输出三角形的类型。

```
#include <stdio.h>
void main()
{
    float edge1,edge2,edge3,s,area;
    scanf(" %f , %f, %f",&edge1,& edge2,& edge3);
    if(edge1 == edge2 == edge3)
        printf("三角形为等边三角形");
    else if(edge1 = edge2 && edge1!= edge3)
        printf("三角形为等腰三角形");
    else if(edge1 * edge1 + edge2 * edge2 = edge3 * edge3)
        printf("三角形为直角三角形");
    else
        printf("三角形为一般三角形");
}
```

3. 设计性实验

请画出流程图并设计程序上机调试。

(1) 给定整数 a 和 b，若 $a^2+b^2>100$，则输出 a^2+b^2 百位以上的数字，否则输出两数之和。

(2) 给定年号与月份，判断该年是否是闰年，并根据给出的月份来判断是什么季节和该月有多少天？

(注：闰年的条件是，年号能被4整除但不能被100整除，或者能被400整除。)

(3) 判断体重问题。输入某人的身高(H，cm)和体重(W0，kg)，按照下列方法判断其体重情况，并给出相应提示。

① 标准体重＝(身高－110)公斤。

② 体重超过标准体重5公斤则过胖。

③ 体重低于标准体重5公斤则过瘦。

(4) 输入百分制成绩，分别用if语句和switch语句输出成绩等级A、B、C、D、E。90分以上为A，80～89为B，70～79分为C，60～69分为D，60分以下为E。

(5) 输入一个不多于5位的正整数，要求：

① 求出它是几位数；

② 分别打印出每一位数字；

③ 按逆序输出各位数字，例如原数为321，应输出123。

(6) 公用电话收费标准如下：通话时间在3分钟以内，收费0.5元；3分钟以上，则每超过1分钟加收0.15元。编写程序，计算某人通话S分钟应缴多少电话费。

3.2　循环结构程序设计

3.2.1　实验目的

(1) 掌握循环结构的意义和构成循环程序的基本方法和技术。

(2) 掌握C语言中构造循环结构的语句。

(3) 掌握break和continue语句的使用。

(4) 掌握用循环语句实现各种算法。(如求和、迭代等)

3.2.2　相关知识

1. C语言提供的控制循环结构的语句

(1) while语句

格式：

```
while(表达式)语句
```

其中表达式是循环条件，语句为循环体。

功能：计算表达式的值，当值为真(非0)时，执行循环体语句。其执行过程如图3.10表示。

(2) do-while语句

格式：

```
do
    语句
```

```
while(表达式);
```

功能：先执行循环中的语句，然后再判断表达式是否为真，如果为真，则继续循环；如果为假，则终止循环。因此，do-while 循环至少要执行一次循环语句。其执行过程如图 3.11 表示。

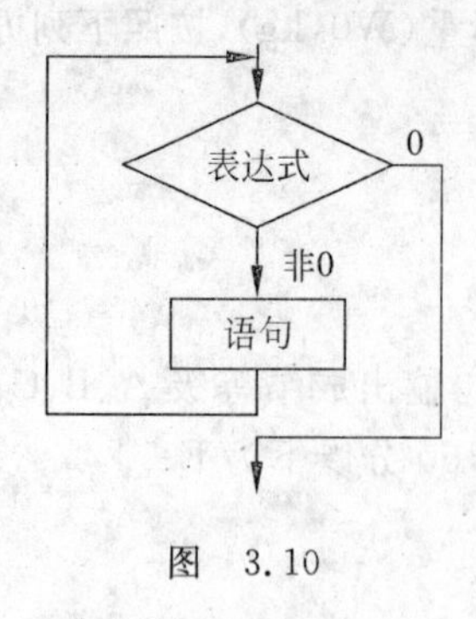

图 3.10

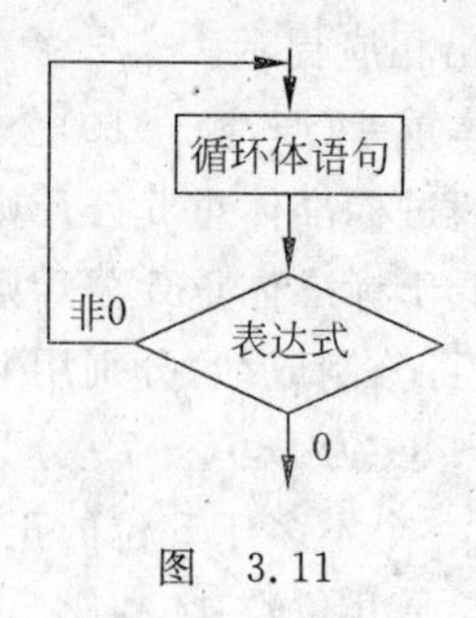

图 3.11

(3) for 语句

格式：

```
for(表达式 1; 表达式 2; 表达式 3) 语句
```

功能(执行过程如图 3.12 所示)：

① 先求解表达式 1。

② 求解表达式 2，若其值为真(非 0)，则执行 for 语句中指定的内嵌语句，然后执行下面第③步；若其值为假(0)，则结束循环，转到第⑤步。

③ 求解表达式 3。

④ 转回上面第②步继续执行。

⑤ 循环结束，执行 for 语句下面的语句。

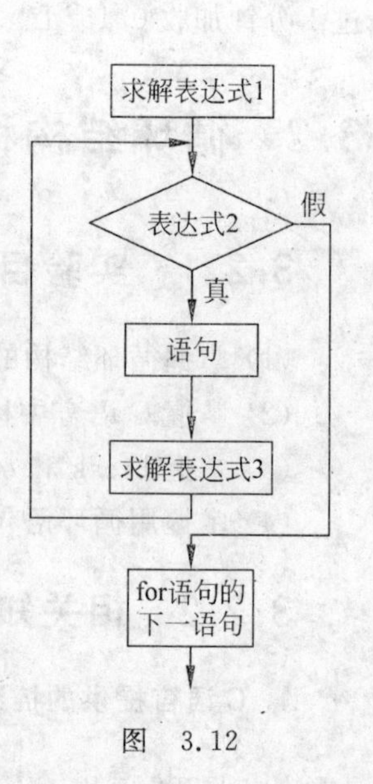

图 3.12

for 语句最简单的应用形式也是最容易理解的形式如下：

```
for(循环变量赋初值; 循环条件; 循环变量增量)语句
```

循环变量赋初值总是一个赋值语句，它用来给循环控制变量赋初值；循环条件是一个关系表达式，它决定什么时候退出循环；循环变量增量，定义循环控制变量每循环一次后按什么方式变化。

例如：

```
for(i = 1;i<= 100;i + + )sum = sum + i;
```

先给 i 赋初值 1，判断 i 是否小于等于 100，若是则执行语句，之后值增加 1。再重新判断，直到条件为假，即 i>100 时，结束循环。

相当于：

```
i = 1;
while(i <= 100)
{
    sum = sum + i;
```

```
    i++;
}
```

2. break 和 continue 语句

(1) break 语句

break 语句通常用在循环语句和开关语句中。当 break 用于开关语句 switch 中时，可使程序跳出 switch 语句结构，而执行 switch 语句结构以后的语句；break 语句也可以用于循环程序中，当满足条件时，使程序退出循环操作。break 在 switch 中的用法已在前面介绍开关语句时的例子中碰到，这里不再举例。

当 break 语句用于 do-while、for、while 循环语句中时，可使程序终止循环而执行循环后面的语句，通常 break 语句总是与 if 语句连在一起，即满足条件时便跳出循环结构。例如在 while 语句中使用 break 语句的情况如下：

```
…
while(表达式 1)
{
  …
  if(表达式 2)
    break;
  …
}
```

其执行情况如图 3.13 所示，即当表达式 2 为真时，程序跳出循环结构。

(2) continue 语句

continue 语句的作用是跳过循环体中剩余的语句而强制执行下一次循环。continue 语句只用在 for、while、do-while 等循环语句中，常与 if 条件语句一起使用，用来加速循环。其执行过程如图 3.14 所示。

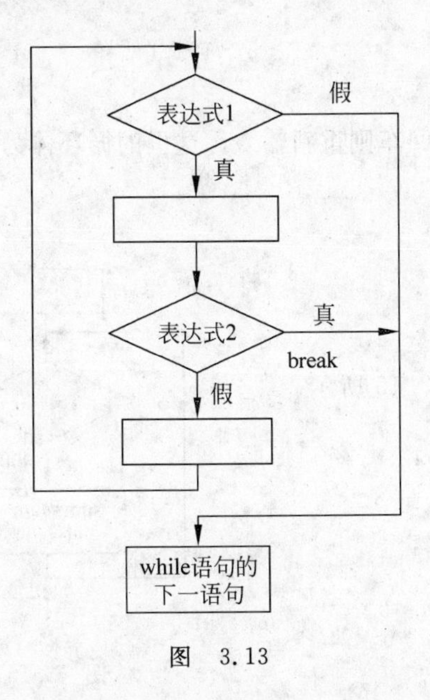

图　3.13

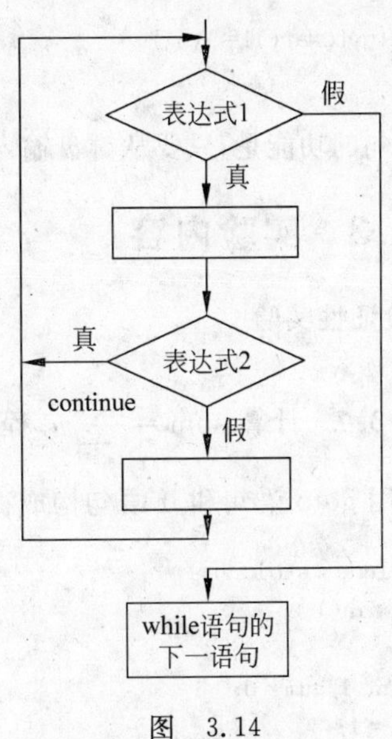

图　3.14

例如在 while 语句中使用 continue 语句的情况如下：

```
…
while(表达式 1)
{
  …
  if(表达式 2)
    continue;
  …
}
```

当程序执行到 if 语句时，判断表达式 2 是否为真，若为真，则程序停止对循环体中 continue 以后的语句的执行，而直接进入下一轮循环，从循环体的第一条语句重新开始执行。

3. 其他语句

(1) 复合语句

把多个语句用括号{}括起来组成的一个语句称复合语句。在程序中应把复合语句看成是单条语句。例如下面花括号括起来的是一条复合语句。

```
{
    x = y + z;
    a = b + c;
    printf(" % d % d",x,a);
}
```

复合语句内的各条语句都必须以分号";"结尾，在括号"}"外不能加分号。

(2) 空语句

只由分号";"组成的语句称为空语句。空语句是什么也不执行的语句。在程序中空语句可用来作空循环体。例如：

```
while(getchar()!= '\n')
;
```

本语句的功能是，只要从键盘输入的字符不是回车则重新输入。这里的循环体为空语句。

3.2.3 实验内容

1. 验证性实验

实例 3.7 计算 $sum = \sum_{n=1}^{100} n$。程序流程如图 3.15 所示。

(1) 用 goto 语句和 if 语句构成循环程序如下：

```
# include < stdio.h >
void main()
{
    int i, sum = 0;
    i = 1;
loop:
```

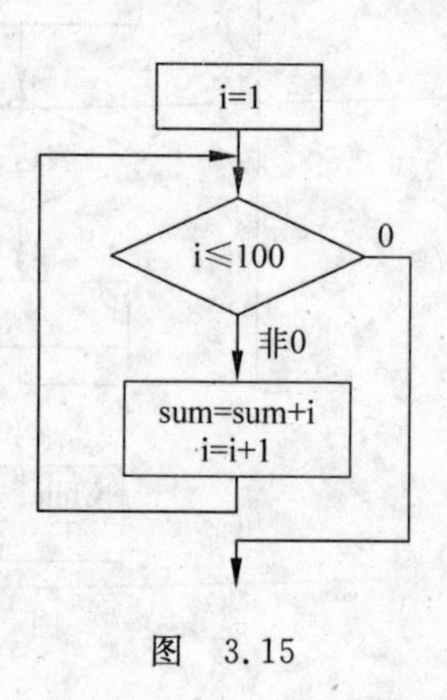

图 3.15

```
    if(i<=100)
    {
        sum=sum+i;
        i++;
        goto loop;
    }
    printf("%d\n",sum);
}
```

(2) 用 while 语句构成循环程序如下：

```
#include<stdio.h>
void main()
{
    int i,sum=0;
    i=1;
    while(i<=100)
    {
        sum=sum+i;
        i++;
    }
    printf("%d\n",sum);
}
```

(3) 用 do-while 语句构成循环程序如下：

```
#include<stdio.h>
void main()
{
    int i,sum=0;
    i=1;
    do
    {
        sum=sum+i;
        i++;
    }
    while(i<=100);
    printf("%d\n",sum);
}
```

程序说明：

程序初始化部分相同，构成循环结构时使用 while 语句和 do-while 语句会更简练、清楚。

实例 3.8 统计从键盘输入一行字符的个数。

```
#include<stdio.h>
void main()
{
    int n=0;
    printf("input a string:\n");
    while(getchar()!='\n')n++;
    printf("%d\n",n);
}
```

程序说明：

程序中的循环条件为getchar()!='\n'，其意义是，只要从键盘输入的字符不是回车就继续循环。循环体n++完成对输入字符个数计数。从而实现了对输入一行字符的字符个数计数。

说明：while语句中的表达式一般是关系表达式或逻辑表达式，只要表达式的值为真（非0）即可继续循环。

实例3.9 输出指定个数的偶数。

```
#include <stdio.h>
void main()
{
    int a = 0,n;
    printf("\n input n:");
    scanf("%d",&n);
    while (n--)
      printf("%d",a++ * 2);
}
```

程序说明：

程序将执行n次循环，每执行一次，n值减1。循环体输出表达式a++ * 2的值。该表达式等效于(a * 2; a++)。

循环体如包括有一个以上的语句，则必须用{}括起来，组成复合语句。

实例3.10 灵活应用for语句构成循环程序，计算 $sum=\sum_{n=1}^{100} n$。流程图如图3.15所示。

程序代码1：

```
#include <stdio.h>
void main()
{
    int i,sum = 0;
    for(i = 1;i <= 100;)
    {
      sum = sum + i;
      i++;
    }
    printf("%d\n",sum);
}
```

程序说明：

省略"表达式3(循环变量增量)"，则不对循环控制变量进行操作，这时可在循环体中加入修改循环控制变量的语句。

程序代码2：

```
#include <stdio.h>
void main()
{
    int i,sum = 0;
    i = 1;
```

```
    for(;i<=100;)
    {
        sum=sum+i;
        i++;
    }
    printf("%d\n",sum);
}
```

程序说明：

省略了“表达式 1(循环变量赋初值)”和“表达式 3(循环变量增量)”，循环结构仍然保持不变，只是需要在初始化时增加 i=1。

程序代码 3：

```
#include<stdio.h>
void main()
{
    int sum=0,i=1;
    for(;;)
    {
        sum=sum+i;
        i++;
        if(i>100)break;
    }
    printf("%d\n",sum);
}
```

程序说明：

3 个表达式都可以省略，但应该在循环体中增加控制结束循环的语句“if(i>100)break;”和初始化语句“i=1;”。

程序代码 4：

```
#include<stdio.h>
void main()
{
    int i=1,sum;
    for(sum=0;i<=100;i++)
        sum=sum+i;
    printf("%d\n",sum);
}
```

程序说明：

表达式 1 可以是设置循环变量的初值的赋值表达式，也可以是其他表达式。

程序代码 5：

```
#include<stdio.h>
void main()
{
    int i,sum;
    for(sum=0,i=1;i<=100;i++)sum=sum+i;
    printf("%d\n",sum);
}
```

程序说明：

表达式1和表达式3可以是一个简单表达式，也可以是逗号表达式。

2. 基础练习实验

(1) 将流程图翻译成C语言程序，并调试运行。

① 求 $\sum_{n=1}^{100} n!$。流程图如图3.16所示。

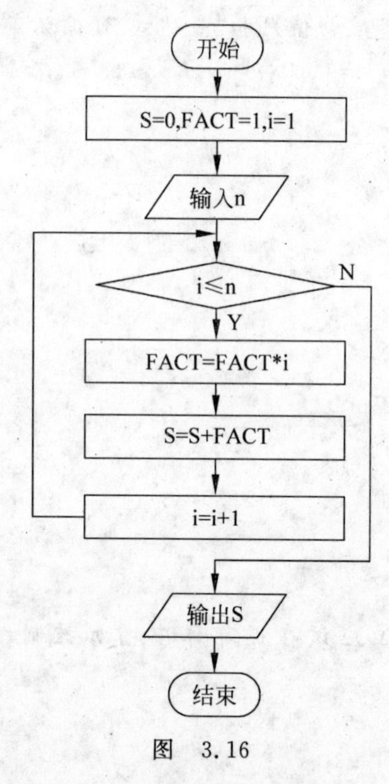

图 3.16

② 设我国人口2006年统计为12.9亿，如果年增长率为R，问从2006年起经过几年人口会翻一番。流程图如图3.17所示。

(2) 分析并写出下面程序的运行结果，然后运行此程序，思考为什么会得到这样的结果。

①

```
#include <stdio.h>
void main()
{   int y = 9;
    for(;y > 0;y -- )
      if(y % 3 == 0)
      {
        printf(" % d", -- y);
        continue;
      }
}
```

②

```
#include <stdio.h>
```

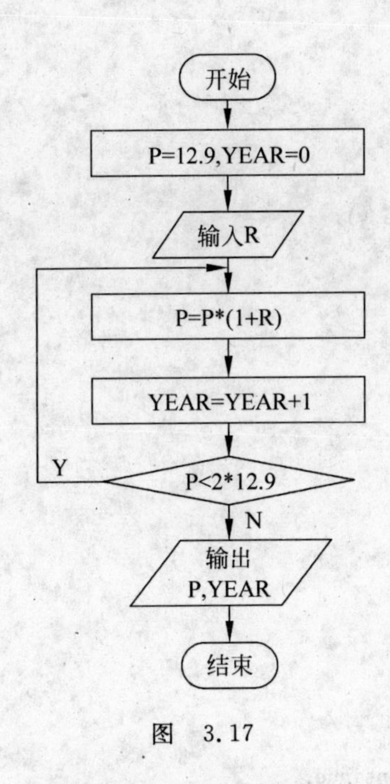

图　3.17

```
void main()
{
  int i;
  for(i = 1;i <= 5;i++)
  { if (i % 2) printf(" * ");
    else  continue;
  printf(" # ");
  }
  printf(" $ \n");
}
```

③

```
#include <stdio.h>
void main()
{
  int i,t,sum = 0;
  for(t = i = 1;i <= 10;)
  { sum += t;++i;
    if(i % 3 == 0) t = - i;
    else t = i;
  }
  printf("sum = %d\n",sum);
}
```

④

```
#include <stdio.h>
void main()
{
  int a,y;
  a = 10;y = 0;
```

```
  do
  { a += 2;y += a;
    if(y > 50) break;
  }
  while(a = 14);
  printf("a = %d y = %d\n",a,y);
}
```

⑤

```
#include <stdio.h>
void main()
{
    int k = 0;
    char c = 'A';
    do
    {
        switch(c++)
        {
        case 'A': k++;break;
        case 'B': k--;
        case 'C': k += 2;break;
        case 'D': k = k % 2;continue;
        case 'E': k = k + 10;break;
        default: k = k/3;
        }
        k++;
    }while(c<'C');
    printf("k = %d\n",k);
}
```

⑥

```
#include <stdio.h>
void main()
{
  int i,j;
  for(i = 0;i <= 3;i++)
  {for (j = 0;j <= 5;j++)
  {if(i == 0 || j == 0 || i == 3 || j == 5) printf(" * ");
   else printf(" ");
  }
  printf("\n");
  }
}
```

(3) 程序填空题。请按程序功能完成下列程序并上机调试运行。

① 下面程序的功能是：将输入的两个数按照从小到大排序后输出，当输入两个相等数时程序结束。

```
#include <stdio.h>
void main()
{
  int  a,b,t;
```

```
  scanf("%d%d",&a,&b);
  while(__________)
  {if(a>b){t=a;a=b;b=t;}
  printf("%d,%d\n",a,b);
  ______________________;
  }
}
```

② 下面程序的功能是：统计键盘输入正整数的各位数字中零的个数，并求各位数字中的最大者。

```
#include <stdio.h>
void main()
{
  int  n,count,max,t;
  count = max = 0;
  scanf("%d",&n);
  do
  { t = n % 10;
    if(____________) ++count;
    else if (max<t) max = t;
    ______________________;
  }while(n);
  printf("count = %d,max = %d\n",count,max);
}
```

③ 下面程序的功能是：找出输入的10个整数中第一个能被7整除的数。若找到，打印此数后退出循环；若未找到，打印“not exist”提示。

```
#include <stdio.h>
void main()
{
  int i,a;
  for(i = 1;i <= 10;i++)
  {scanf("%d",&a);
  if(a % 7 == 0){printf("%d",a);__________;}
  }
  if(____________)  printf("not exist\n");
}
```

④ 下面程序的功能是：打印100以内个位数为6且能被3整除的所有数。

```
#include <stdio.h>
void main()
{
  int i,j;
  for(i = 0;i <= 9;i++)
  {j = i * 10 + ____________;
   if(j % 3!= ____________) continue;
   printf("%d \n",j);
  }
}
```

⑤ 下面程序的功能是：若用0～9之间不同的三个数构成一个三位数，统计出共有多少种方法。

```
#include <stdio.h>
void main()
{
  int i,j,k,count = 0;
  for(i = 1;i <= 9;i++)
      for(j = 0;j <= 9;j++)
          if( i ____________j) continue;
          else for (k = 0;k <= 9;k++)
              if(k!= i ________________k!= j) count++;
  printf(" %d\n",count);
}
```

⑥ 程序的功能是：求出1～200之间能被3整除的数，并求这些数的累加和，直到和的值大于100为止。输出这些数及累加和。

```
#include <stdio.h>
void main()
{
   int i,sum = 0;
   for(i = 1; ________________;i++)
   {
       if(i % 3!= 0)
           ________________;
       sum = sum + i;
       printf("i = %6d ",i);
   }
   printf("\nsum = %6d",sum);
}
```

⑦ 程序的功能是：根据近似公式$\frac{\pi^2}{6}=\frac{1}{1^2}+\frac{1}{2^2}+\cdots+\frac{1}{n^2}$求 π 的值。

```
#include <stdio.h>
#include <math.h>
void main()
{
     int i,n;
     double s = 0.0,pi;
     scanf(" %d",&n);
     for(i = 1;i <= n;i++)
         s = s + ____________;
     pi = ________________;
     printf(" %10.6lf\n",pi);
}
```

(4) 程序改错。请按照下列各程序的功能修改程序并上机调试运行。

① 下面程序的功能是：根据公式$e=1+\frac{1}{1!}+\frac{1}{2!}+\frac{1}{3!}+\cdots$求$e$的近似值，精度要求为$10^{-6}$。

```
#include <stdio.h>
void main()
```

```
{
  int  i;double e,n;
  e = 1.0;n = 1.0;
  for(i = 1;n >= 1e - 6;i++)
  n/= (double)i;e += n;
  printf("e = %d\n",e);
}
```

② 下面程序的功能是：求 $S=\frac{1}{1}+\frac{1}{2}+\frac{1}{3}+\cdots+\frac{1}{n}$ 的值。（n 由键盘输入）

```
#include < stdio.h >
void main()
{
  int t,s,i,n;
  scanf(" %d",&n);
  for(i = 1;i <= n;i++)
    t = 1/i;
    s = s + t;
  printf("s = %f\n",s);
}
```

3. 设计性实验

(1) 计算 $n!$，n 从键盘输入。

(2) 计算 $s=1+\frac{1}{2}-\frac{1}{3}+\frac{1}{4}-\cdots+\frac{1}{n}$，$n$ 从键盘输入。

(3) 计算并输出一个整数各位数字之和。如 2568 的各位数字之和是 2+5+6+8=21。

(4) 从键盘输入一行字符(以回车符作为结束标志)，分别统计其中英文字母、空格、数字和其他字符的个数。

(5) 从 3 个红球、5 个白球、6 个黑球中任意取出 8 个球，且其中必须有白球，统计有多少种取法。

(6) 打印出所有的“水仙花数”。“水仙花数”是一个 3 位整数，其各位数字的立方和等于该数本身。例如，371 是一个“水仙花数”，$371=3^3+7^3+1^3$。

(7) 将一个正整数分解成质因数。例如，输入 180，打印出 180=2*2*3*3*5。

(8) 用循环程序输出“九九乘法表”。

(9) 用循环程序输出如下规则图案。

```
   *
  * * *
 * * * * *
* * * * * * *
 * * * * *
  * * *
   *
```

(10) 求一个整数任意次方的最后三位数，即求 x^y 的最后三位数，x、y 均从键盘输入。

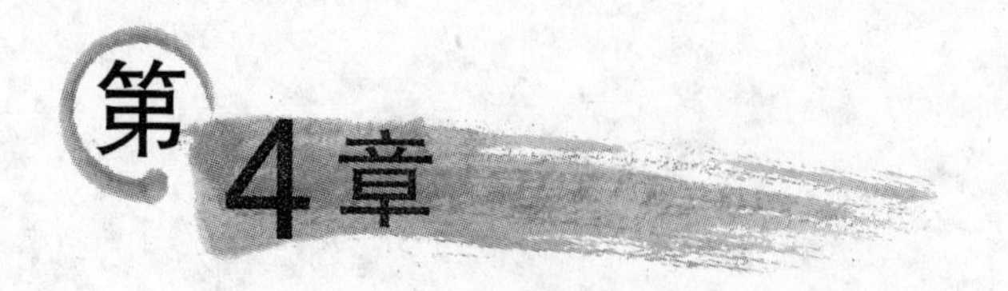

第4章 函数

4.1 实验目的

(1) 掌握定义函数的方法。

(2) 掌握函数实参及形参的对应关系以及“值传递”方式。

(3) 掌握函数的嵌套调用和递归调用的方法。

(4) 掌握全局变量和局部变量、动态变量、静态变量的概念和使用方法。

(5) 学会对多文件程序的编译和运行。

4.2 相关知识

函数是C源程序的基本模块,C语言中的函数相当于其他高级语言的子程序。C语言不仅提供了极为丰富的库函数(如Turbo C、MS C都提供了300多个库函数),还允许用户建立自己定义的函数。用户可把自己的算法编成一个个相对独立的函数模块,然后用调用的方法来使用函数。可以说C程序的全部工作都是由各式各样的函数完成的,所以也把C语言称为函数式语言。

4.2.1 函数定义的一般形式

1. 无参函数的定义形式

```
类型标识符 函数名()
{声明部分
 语句
}
```

类型标识符指明了本函数的类型,函数的类型实际上是函数返回值的类型。该类型标识符与前面介绍的各种说明符相同。函数名是由用户定义的标识符,函数名后有一个空括号,其中无参数,但括号不可少。

{}中的内容称为函数体。在函数体中声明部分,是对函数体内部所用到的变量的类型说明。

在很多情况下都不要求无参函数有返回值,此时函数类型符可以写为void。

2. 有参函数定义的一般形式

```
类型标识符 函数名(形式参数列表)
{声明部分
 语句
}
```

有参函数比无参函数多了一个形式参数列表。在形参表中给出的参数称为形式参数，它们可以是各种类型的变量，各参数之间用逗号间隔。在进行函数调用时，主调函数将赋予这些形式参数实际的值。形参既然是变量，必须在形参表中给出形参的类型说明。

4.2.2 函数调用的方法

主调函数使用被调函数的功能，称为对被调函数的调用。函数调用的形式是通过函数名和函数的参数。

按照函数在主调函数中的作用，函数的调用方式可以有以下三种形式：

1. 函数语句

被调函数在主调函数中以语句的方式出现，称为函数调用语句或函数语句。通常只完成一种操作，不带返回值。

2. 函数表达式

将函数的调用结果作为运算符的运算分量，这种函数是有返回值的。

3. 函数参数

函数的调用结果进一步作其他函数的实参，这种函数也是有返回值的。

4.2.3 数据在函数之间的传递

在程序中，如果仅仅用函数代替一个语句序列，那么函数的作用就不大了。一般情况下，常常要求同一个函数可以根据不同的数据，进行相同的处理之后得到不同的结果，这样，函数与函数之间通常要传递数据和计算结果。C语言中采用参数、返回值和全局变量三种方式进行数据传递。主调函数与被调函数之间是双向传递数据。当调用函数时，通过函数的参数，主调函数为形参提供数据；调用结束时，被调函数通过返回语句将函数的运行结果(返回值)带回主调函数中。函数之间还可以通过使用全局变量，在一个函数内使用其他函数中的某些变量的结果。

1. 形参与实参

形参是函数定义时由用户定义的形式上的变量，实参是函数调用时，主调函数为被调函数提供的原始数据。

C语言函数参数采用“值传递”的方法，其含义是：在调用函数时，将实参变量的值取出来，赋值给形参变量，使形参变量在数值上与实参变量相等。在函数内部使用从实参中传递来的值进行处理。C语言中的实参可以是一个表达式，调用时先计算表达式的值，再将结果(值)赋值给形参对应的存储单元中，一旦函数执行完毕，系统将释放这些与形参对应的存储单元，这些存储单元所保存的值也不再保留。形式参数是函数的局部变量，仅在函数内部才有意义，但也可能用它来返回函数操作的结果。

值传递的优点在于被调用的函数不可能改变主调函数中变量的值，而只能改变它的局部的临时副本。这样就可以避免被调用函数的操作对调用函数中的变量可能产生的副作用。

C语言中，“值传递”既可以在函数之间传递“变量的值”，也可以在函数之间传递“变量的地址值”。

2. 函数的返回值

函数调用之后的结果称为函数的返回值，通过返回语句带回主调函数。

(1) 函数的返回语句

格式：

```
return 表达式;
return(表达式);
```

功能：将表达式的值带回主调函数。

(2) 关于返回语句的说明

① 函数的返回值只能有一个。

② 当函数中不需要指明返回值时，可以写成“return”，也可以不写。函数运行到右花括号自然结束。

③ 一个函数体内可以有多个返回语句，不论执行到哪一个，函数都结束，回到主调函数。但在结构化程序设计中不提倡在一个函数中使用多个return语句。

④ 当函数没有指明返回值(即return)，或没有返回语句时，函数执行后实际上不是没有返回值，而是返回一个不确定的值，有可能给程序带来某种意外的影响。因此，为了保证函数不返回任何值，C语言规定，可以定义无类型函数，其形式为：

```
void 函数名(形参表)
{ … }
```

void类型又称为无值类型(空类型)。首先，在概念上必须明确，void类型的函数不是调用函数之后不再返回，而是调用函数在返回时没有返回值。void类型在C语言中有两个用途：一是表示一个函数没有返回值，二是用来指明一个通用型的指针。第二种用途暂不讨论。

void类型的函数与有返回值类型的函数在定义过程中没有区别，只是在调用时不同，有返回值的函数可以将函数调用放在表达式的中间，将返回值用于计算，而void类型的函数不能将函数调用放在表达式之中，只能在语句中单独调用。

void类型的函数一般用于完成一些规定的操作，而调用函数本身不再对被调用函数的执行结果进行处理(运算)。

3. 关于函数返回值的类型

函数定义时的类型就是函数返回值的类型。从理论上讲，C语言要求函数定义的类型应当与返回语句中表达式的类型保持一致。当两者不一致时，系统自动进行转换，将函数返回语句中表达式的类型转换为函数定义时的类型。

4.2.4 对被调函数的声明和函数原型

由于C语言可以由若干个文件组成，每一个文件可以单独编译，因此在对编译程序中的函数调用时，如果不知道该函数参数的个数和类型，编译系统就无法检查形参和实参是否匹配，为了保证函数调用时，编译程序能检查出形参和实参是否满足类型相同、个数相等，并由此决定是否进行类型转换，必须为编译程序提供所用函数的返回值类型和参数的类型、个数，以保证函数调用成功。这里提出函数声明的概念。

1. 函数的声明

主调函数调用被调函数之前，必须对被调函数作出声明，其形式是：

```
函数类型 函数名(形参类型 1 形参名 1,形参类型 2 形参名 2,…);
```

目的是告诉编译系统，函数返回值是什么类型，有多少个参数，每一个参数是什么类型，为编译系统进行类型检查提供依据。

这里应当提醒的是，函数的声明和函数的定义形式上类似，但两者本质上是不同的。

(1) 函数的定义是编写一段程序，除上面内容之外，应有函数具体的功能语句，即函数体；而函数的声明仅是对编译系统的一个说明，不含具体的执行动作。

(2) 在程序中，函数的定义只能有一次，而函数的声明可以有多次，调用几次该函数，就应在各个主调函数中各自作声明。

2. 函数原型的概念

在对被调用的函数进行声明时，编译系统需知道被调函数有几个参数，各自是什么类型，而参数的名字是无关紧要的，因此，对被调函数的声明可以简化为：

```
函数类型标识符 函数名(形参类型 1,形参类型 2,…);
```

上述方式称为函数的原型。通常将一个文件中需调用的所有函数原型写在文件的开始部分。

4.3 实验内容

4.3.1 验证性实验

实例 4.1 函数的简单应用。

```
#include <stdio.h>
```

```
#include <math.h>
double func(double x,double y) /* 用户定义函数 */
{
    return (pow(x,y));          /* pow()为库函数 */
}
void main()
{
  double a,b,c,d;
  scanf("%lf,%lf",&a,&b);
  c=func(a,b);                 /* 第一次调用用户函数 func() */
   d=func(c,b);                /* 第二次调用用户函数 func() */
  printf("%lf,%lf\n", c, d);
}
```

程序说明:

本例中共包含了两个函数,主函数 main()和用户定义函数 func(),主函数可以定义在程序的任意位置。在主函数中,两次调用用户函数,分别以不同的数据,求出不同的结果。在用户函数 func()中使用了系统库函数 pow()。

实例 4.2 写一个判断整数是否为素数的函数,并使用该函数求 1000 以内的素数平均值。

```
#include <stdio.h>
#include <math.h>
main()
 { int a=0, k ;              /* a 保存素数之和 */
float av;                    /* av 保存 1000 以内素数的平均值 */
for(k=2; k<=1000; k++)
if (fun(k))                  /* 判断 k 是否为素数 */
a+=k;
 av=a/1000;
 printf("av=%f\n",av);
 }
fun(int n)                   /* 判断输入的整数是否为素数 */
{ int i,y =0;
 for(i=2; i<n; i++)
 if(n%i==0) y=1;
 else y=0;
 return y;
 }
```

程序说明:本题调试的重点是如何判断一个数是否为素数。

实例 4.3 定义一个函数 s,该函数的功能是求 $\sum_{i=1}^{n} i$ 的值。

```
#include <stdio.h>
#include <math.h>
main()
{
    int n;
    printf("input number\n");
    scanf("%d",&n);
```

```
    s(n);
    printf("n = %d\n",n);
}
int s(int n)
{
    int i;
    for(i = n - 1;i >= 1;i -- )
      n = n + i;
printf("n = %d\n",n);
return n;
}
```

程序说明：

本程序定义了一个函数 s，其功能是求 $\sum_{i=1}^{n} i$ 的值。在主函数中输入 n 值，并作为实参，在调用时传送给 s 函数的形参 n（注意，本例的形参变量和实参变量的标识符都为 n，但这是两个不同的量，各自的作用域不同）。举例说，假若输入 n 值为 100，即实参 n 的值为 100，把此值传给函数 s 时，形参 n 的初值也为 100，在执行函数过程中，形参 n 的值变为 5050。返回主函数之后，输出实参 n 的值仍为 100。可见实参的值不随形参的变化而变化。

实例 4.4　复合语句中使用局部变量。

```
main()
{
    int i = 2, j = 3,k;
    k = i + j;
    {
      int k = 8;
      printf(" %d\n",k);
    }
    printf(" %d\n",k);
}
```

程序说明：

本程序在 main 中定义了 i、j、k 三个变量，其中 k 未赋初值。而在复合语句内又定义了一个变量 k，并赋初值为 8。应该注意这两个 k 不是同一个变量。在复合语句外由 main 定义的 k 起作用，而在复合语句内则由在复合语句内定义的 k 起作用。因此程序第 4 行的 k 为 main 所定义，其值应为 5。第 7 行输出 k 值，该行在复合语句内，由复合语句内定义的 k 起作用，其初值为 8，故输出值为 8，第 9 行输出 i、k 值，i 是在整个程序中有效的，第 7 行对 i 赋值为 3，故输出也为 3。而第 9 行已在复合语句之外，输出的 k 应为 main 所定义的 k，此 k 值由第 4 行已获得为 5，故输出也为 5。

实例 4.5　外部变量与局部变量同名的例子。

```
int a = 3,b = 5;                    /* a,b 为外部变量 */
max(int a,int b)                    /* 形参 a,b 为局部变量 */
{int c;
 c = a > b?a:b;
 return(c);
```

```
}
main()
{int a=8;
 printf("%d\n",max(a,b));
}
```

程序说明：

如果在同一个源文件中，外部变量与局部变量同名，则在局部变量的作用范围内，外部变量被“屏蔽”，即它不起作用。

4.3.2 基础练习实验

1. 分析并写出下列程序的运行结果，然后运行此程序，思考为什么会得到这样的结果。

(1)

```
#include<stdio.h>
int a=5,b=7;
int plus(int,int);
void main()
{    int a=4,b=5,c;
     c=plus(a,b);
     printf("a+b= %d\n",c);
}
int plus(int x,int y)
{   int z;
    z=x+y;
    return(x);
}
```

(2)

```
#include<stdio.h>
int s=10;
func(int a)
{  int c;
   c=a+s;
   return c;
}
void main()
{ int x=8,y=9,t;
  t=func((x+y,x-- ,y++));
  printf("%d\n",t);
}
```

(3)

```
#include<stdio.h>
void t(int x,int y,int cp,int dp)
{ cp=x*x+y*y;
  dp=x*x-y*y;
}
```

```
void main()
{     int a = 4,b = 3,c = 5,d = 6;
   t(a,b,c,d);
   printf(" %d %d\n",c,d);
}
```

(4)

```
#include <stdio.h>
void fun()
{ static int a = 0;
  a += 2;
  printf(" %d",a);
}
void main()
{ int cc;
  for(cc = 1;cc < 4;cc++)fun();
  printf("\n");
}
```

(5)

```
#include <stdio.h>
int k = 1;
void main()
{
     void fun(int m);
     int i = 4;
     fun(i);
     printf ("\n%d, %d",i,k);
}
void fun(int m)
{
     m += k;k += m;
     {
          char k = 'B';
          printf("\n%d",k - 'A');
     }
     printf("\n%d, %d",m,k);
}
```

(6)

```
#include <stdio.h>
void func(int i,int j)
{
     int a = 3;
     static int b = 3;
     a++;
     b++;
     printf(" %d---a = %d\n",i,a);
     printf(" %d---b = %d\n",j,b);
```

```
}
void main()
{
    int i;
    for(i = 0;i < 3;i++)
        func(i,i++);
}
```

(7)

```
#include < stdio.h >
void main()
{
  int  a = 2,i,f(int a);
  for(i = 0;i < 3;i++)  printf(" %4d\n",f(a));
}
int f(int a)
{ int b = 0;static int c = 3;
  b++;c++;
  return(a + b + c);
}
```

(8)

```
#include < stdio.h >
#define  MUL(x,y)  (x) * y
void main()
{
  int a = 3,b = 4,c;
  c = MUL(a++,b++);
  printf(" %d\n",c);
}
```

2. 程序填空题。请按功能完成下列程序并上机调试运行。

(1) 下面程序的功能是：求 S=1!+2!+3!+4!+5! 的值。

```
#include < stdio.h >
long fun(int i)
{
  long p = 1;
  int k;
  for (k = 1;________________ ;k++)
  p = p * k;
  return p;
}
void main()
{
   int i;
   long sum = 0;
   for(i = 1;i < = 5;i++)
      sum = sum + ________________;
   printf("sum = %ld\n",sum);
```

(2) 下面程序的功能是：计算下面函数的值。

$$f(x,y,z)=\frac{\sin(x)}{\sin(x-y)*\sin(x-z)}+\frac{\sin(y)}{\sin(y-z)*\sin(y-x)}+\frac{\sin(z)}{\sin(z-x)*\sin(z-y)}$$

```
#include<math.h>
#include<stdio.h>
void main()
{
  double f(float,float,float),sum;
  float x,y,z;
  scanf("%f%f%f",&x,&y,&z);
  sum=________;
  printf("sum=%f\n",sum);
}
double f(float a,float b,float c)
{ double u;
  u=sin(a)/(sin(b)*sin(c));
  return(u);
}
```

(3) 下面程序的功能是：从键盘输入两个正整数 a 和 b，用辗转相除法求它们的最大公约数。

```
#include<stdio.h>
int hcf(int m,int n)
{
    int r;
    if(m<n)
    { r=m;________;n=r;}
    r=m%n;
    while(______)
    {
        m=n;
        n=r;
        r=m%n;
    }
    ____________;
}
void main()
{
    int a,b,c;
    scanf("%d%d",&a,&b);
    c=hcf(__________);
    printf("%d\n",c);
}
```

(4) 下面程序的功能是：求 101～200 之间有多少个素数，并输出所有素数(每行 5 个数)。

```
#include<stdio.h>
#include<math.h>
```

```
int isprime(int n)
{    int i;
     for(i = 2;i <= sqrt(n);i++)
          if(n % i == 0)
               ____________;
     return 1;
}
void main()
{     int i,k = 0,num = 0;
     for(i = 101;__________;i++)
          if(isprime(i) == 1)
          {    num++;
               printf(" %4d",i);
               if(num % 5 == 0)printf("\n");
          }
     printf("\nThe total is %d\n",num);
}
```

3. 程序改错。请按照下列各程序的功能修改程序并上机调试运行。

(1) 下面程序的功能是：用函数实现计算 n!。

```
#include <stdio.h>
void main()
{
  double f(int);
  int n;
  scanf(" %d",&n);
  printf("n= %d,f= %f\n",n,f(n));
}
double f(int n)
{ double u = 1.0;
  while(n>1 && n<170) u *= (double)n--;
  return(u);
}
```

(2) 下面程序的功能是：利用公式 $e=1+\frac{1}{1!}+\frac{1}{2!}+\frac{1}{3!}+\frac{1}{4!}\cdots+\frac{1}{n!}$求 e 的近似值。

```
#include <stdio.h>
long fact(int n)
{
    long i = 1;
    i = i * n;
    return i;
}
void main()
{
  long e,p ;
  int i = 0;
  e = 0;
  p = 1;
```

```
    while(p>=0.00001)
    {
        i=i+1;
        p=1/fact(i);
        e=p;
    }
    printf("e=%7.3f\n",e);
}
```

(3) 下面程序功能是：计算学生的年龄。已知第1位最小的学生年龄为10岁，其余学生的年龄依次大2岁，求第5个学生的年龄。

```
#include <stdio.h>
int age(int n)
{
    int c;
    if(n==1)
        c=10;
    else
        c= 12;
    return(c);
}
int main()
{
    int n=5;
    printf("age:%d\n", age(5) );
}
```

4.3.3 设计性实验

1. 有变量定义和函数调用语句"int a=1,b=-5,c;c=fun(a,b);"，fun函数的作用是计算两个数之差的绝对值，并将差值返回调用函数。请编写该函数。

```
fun(int x,int y)
{      }
```

2. 写一个函数，计算x的n次方。

3. 有变量定义和函数调用语句"int x=57;prime(x);"，prime函数用来判断一个整数a是否为素数，若是素数则函数返回1，否则函数返回0。请编写该函数。

```
prime(int a)
{      }
```

4. 以下程序的功能是应用下面的近似公式计算e的值。函数f1用来计算每项分子的值，函数f2用来计算每项分母的值。请编写f1和f2函数。

$$e^x=1+x+\frac{x^2}{2!}+\frac{x^3}{3!}+\cdots\text{(前 20 项的和)}$$

```
#include <stdio.h>
void main()
```

```
{
 float f1(float,int),f2(int);
 float exp = 1.0,x;int n;
 printf("please input a number:");
 scanf(" % d",&x); printf(" % d",x);
 exp = exp + x;
 for(n = 2;n < = 19;n++) exp = exp + f1(x,n)/f2(n);
 printf("x = % d,exp = % 8.4f\n",x,exp);
}
float f1(float x,int n)
{
}
float f2(int n)
{          }
```

5. 用条件编译方法实现以下功能：从键盘输入一行电文，可以任意选择两种输出，一为原文输出，一为加密输出(将字母向后移动 3 位，如'a' 变成'd'……'z'变成'c'。其他字符不变)。用＃define 命令来控制是否要译成密码。

第5章 数组

5.1 实验目的

(1) 掌握一维数组和二维数组的定义、数组元素的引用和赋值以及数组的输入输出方法。
(2) 掌握字符数组和字符串函数的使用。
(3) 掌握数组作为函数的参数的作用。
(4) 掌握与数组有关的常用算法(查找、插入、删除、排序等)。

5.2 相关知识

5.2.1 一维数组的定义和引用

1. 一维数组的定义

格式：

```
[存储类型] 类型名 数组名[数组长度];
```

说明：类型名指数组元素的类型，对于同一个数组，其所有元素的数据类型都是相同的；数组名的书写规则应符合标识符的书写规定，数组名不能与其他变量名相同；数组长度为一个常量表达式，用以给定数组的大小，即数组元素的个数。

2. 一维数组的引用

格式：

```
数组名[下标];
```

说明：下标只能为整型常量或整型表达式；下标的取值范围为[0,数组长度－1]。

3. 一维数组的初始化

格式：

```
[static] 类型名 数组名 [数组长度]={数据值表};
```

说明：在{}中的各数据值即为各元素的初值，各值之间用逗号间隔。初始化时可以只给部分元素赋初值，如果给全部元素赋值，则在数组说明中可以不给出数组元素的个数。

4. 字符数组的初始化

(1) 逐个元素初始化

例如：

```
char c[5] = {'a','p','p','l','e'};
```

赋值后数组 c 各元素的值为：c[0]的值为'a',c[1]的值为'p',c[2]的值为'p',c[3]的值为'l',c[4]的值为'e'。

(2) 用字符串来初始化字符数组

例如：

```
char c[] = "apple";
```

c[0]的值为'a',c[1]的值为'p',c[2]的值为'p',c[3]的值为'l',c[4]的值为'e',c[5]的值为'\0'。

注意：此时也可在数组说明中不给出数组元素的个数，但数组元素的个数为字符串长度加1，最后一个元素的值为'\0'，即为字符串的结束标志。

5.2.2 二维数组的定义和引用

1. 二维数组的定义

格式：

```
类型名 数组名[常量表达式1][常量表达式2]
```

说明：其中常量表达式1表示第一维下标的长度，常量表达式2表示第二维下标的长度。例如，

```
int a[3][4];
```

说明了一个三行四列的数组，数组名为 a，其下标变量的类型为整型。该数组的下标变量共有 3×4 个，即：

```
a[0][0],a[0][1],a[0][2],a[0][3]
a[1][0],a[1][1],a[1][2],a[1][3]
a[2][0],a[2][1],a[2][2],a[2][3]
```

2. 二维数组元素的引用

格式：

```
数组名[行下标][列下标];
```

说明：下标应为整型常量或整型表达式。

3. 二维数组的初始化

(1) 分行初始化

例如：

```
int a[3][4] = {{1,2,3,4},{5,6,7,8},{9,10,11,12}};
```

(2) 顺序初始化

例如：

```
int a[3][4] = {1,2,3,4,5,6,7,8,9,10,11,12};
```

注意：以上两例中数组元素赋初值的结果是相同的。

(3) 部分元素初始化

例如：

```
int a[3][3] = {{1},{2},{3}};
```

是对每一行的第 0 列元素赋值,未赋值的元素取 0 值。赋值后各元素的值为：

1 0 0

2 0 0

3 0 0

注意：对全部元素赋初值,则第一维的长度可以不给出。例如,

```
int a[3][3] = {1,2,3,4,5,6,7,8,9};
```

可以写为：

```
int a[ ][3] = {1,2,3,4,5,6,7,8,9};
```

5.2.3　字符串处理的相关函数

1. 字符串输入函数 gets

函数原型：char * gets (char * s);

调用形式：gets(字符数组);

函数功能：从标准输入设备键盘上输入一个字符串。本函数得到一个函数值,即为该字符数组的首地址。

2. 字符串输出函数 puts

函数原型：int puts (const char * s);

调用形式：puts(字符串/字符数组);

函数功能：把字符数组中的字符串输出到显示器,即在屏幕上显示该字符串。

3. 字符串复制函数

函数原型：char * strcpy(char * dest,const char * src);

调用形式：strcpy(字符数组名 1,字符数组名 2);

函数功能：把字符数组 2 中的字符串复制到字符数组 1 中。串结束标志'\0'也一同复制。

字符数组名 2 也可以是一个字符串常量。这时相当于把一个字符串赋予一个字符数组。

注意：函数 strcpy 要求字符数组 1 应有足够的长度，否则不能全部装入所复制的字符串，程序运行时会报错。

4. 字符串连接函数

函数原型：char * strcat(char * dest,const char * scr);

调用形式：strcat (字符数组名 1,字符数组名 2);

函数功能：把字符数组 2 中的字符串连接到字符数组 1 中字符串的后面，并删去字符串 1 后的串标志'\0'。字符数组 2 也可以是一个字符串常量。本函数返回值是字符数组 1 的首地址。

5. 计算字符串长度的函数

函数原型：unsigned int strlen(const char * str);

调用形式：strlen(字符数组名/字符串);

函数功能：求出字符串或字符数组中实际字符个数(不包括'\0')。

6. 字符串比较函数

函数原型：int strcmp(const char * s1,const char * s2);

调用形式：strcmp(字符数组名 1,字符数组名 2);

函数功能：按照 ASCII 码顺序比较两个数组中的字符串，并由函数返回值返回比较结果。

字符串 1==字符串 2，返回值==0；

字符串 1>字符串 2，返回值>0；

字符串 1<字符串 2，返回值<0。

本函数也可用于比较两个字符串常量，或比较数组和字符串常量。

5.3 实验内容

5.3.1 验证性实验

实例 5.1 从键盘输入 10 个实数，输出平均值。流程图如图 5.1 所示。

源程序：

```
#include <stdio.h>
main()
{
  int i;
  float s=0,a[10];
  for(i=0;i<10;i++)
  {
    scanf("%f",&a[i]);
    s=s+a[i];
```

```
    }
    s = s/10;
    printf("average = %f",s);
}
```

程序说明：

在循环中使用变量 i 从 0 变化到 9(元素个数 10 减 1)，每循环一次输入一个元素 a[i]，并使用变量 s 进行累加。

实例 5.2 输出斐波拉契数列的前 10 项。流程图如图 5.2 所示。

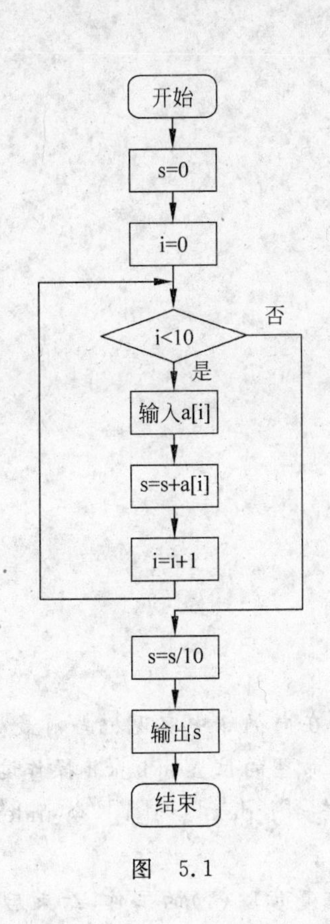

图 5.1

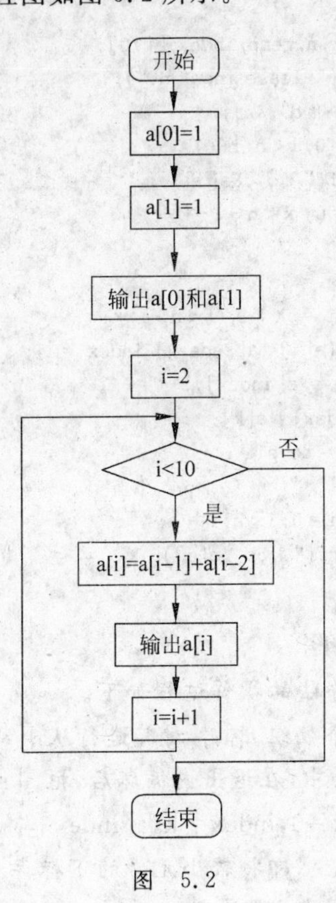

图 5.2

源程序：

```
#include <stdio.h>
main()
{
    int i,a[10];
    a[0] = a[1] = 1;
    printf("%5d%5d",a[0],a[1]);
    for(i = 2;i < 10;i++)
    {
        a[i] = a[i-1] + a[i-2];
        printf("%5d",a[i]);
    }
}
```

程序说明：

语句“printf("%5d",a[i]);”表示以宽度为5个字符的方式输出每个数组元素。

实例5.3 运用选择排序法对小于10的*n*个数进行由小到大排序，输出排序后的*n*个数。流程图如图5.3所示。

源程序：

```
#include <stdio.h>
main()
{
  int i,k,n,temp,index,a[10];
  printf("Please input n:");
  scanf("%d",&n);
  for(i=0;i<n;i++)
    scanf("%d",&a[i]);
  for(k=0; k<n-1; k++)
  {
    index = k;
    for(i = k+1; i<n; i++)
      if(a[i]< a[index]) index = i;
    temp = a[index];
    a[index] = a[k];
    a[k] = temp;
  }
    for(i=0;i<n;i++)
    printf("%5d",a[i]);
}
```

程序说明：

选择排序法的操作过程如下。

设有一个数组a[n]，对其进行从小到大的排序。在内循环中实现把当前最小元素的下标存入index中，在退出内循环后，把a[index]交换到希望的位置a[k]，其操作过程如下。

(1) 令k=0，index=k，a[index]与a[1]比较，若a[index]>a[1]，令index=1，否则index保持不变，即将较小元素的下标存放在index中；

(2) a[index]又分别与a[2]，a[3]，…，a[n-1]重复步骤(1)的工作，结束后，实现*n*个元素中最小元素的下标存放在index中，当前最小元素为a[index]；

(3) a[k]与a[index]交换，把当前的最小元素存放在a[k]中，即a[0]中；

(4) 分别令k=1,2,…,9重复步骤(1)～(3)的操作。

实例5.4 将1～9九个自然数分别放入一个3×3的二维数组中，然后按矩阵的形式输出。其中数组元素赋值流程图片段如图5.4所示。

源程序：

```
#include <stdio.h>
main()
{
  int i,j,n=1,a[3][3];
  for(i=0;i<3;i++)
```

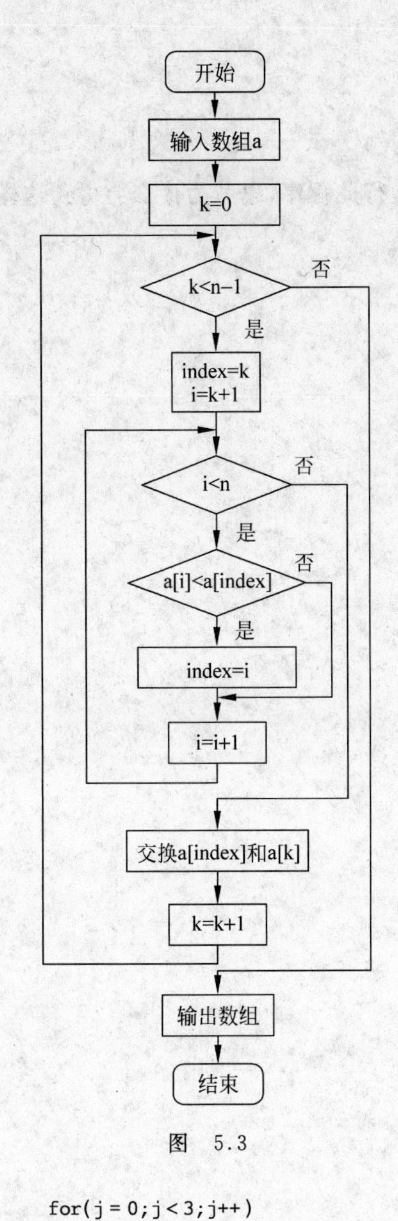

图 5.3

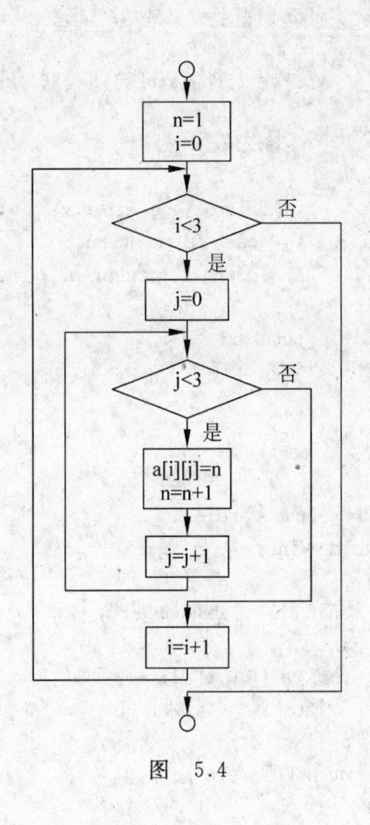

图 5.4

```
        for(j = 0;j < 3;j++)
    {   a[i][j] = n;
        n++;
    }
  for(i = 0;i < 3;i++)
  {   for(j = 0;j < 3;j++)
        printf(" % 3d",a[i][j]);
      putchar('\n');
  }
}
```

程序说明：

程序中采用了双重循环来实现二维数组元素的访问，外层循环表示行下标的变化，内层循环完成列下标的变化。

5.3.2 基础练习实验

1. 分析并写出下面程序的运行结果,然后运行此程序,思考为什么会得到这样的结果。

(1)

```
#include <stdio.h>
void main()
{
    char str[] = "SSSWLIA",c;
    int k;
    for(k = 2;(c = str[k])!= '\0';k++)
    {
       switch(c)
       {
          case 'I':++k;break;
          case 'L':continue;
          default:putchar(c);continue;
       }
      putchar('*');
    }
}
```

(2)

```
#include <stdio.h>
void main()
{
  char a[] = "ab88cd99ef";
  int i,j;
  for(i = j = 0;a[i];i++)
     if(a[i]>= 'a'&&a[i]<= 'z')a[j++] = a[i];
  a[j] = '\0';
  printf("%s\n",a);
}
```

(3)

```
#include <stdio.h>
void main ()
{
  int a[6][6],i,j ;
  for (i = 1;i < 6 ;i++)
    for (j = 1 ;j < 6;j++)
      a[i][j] = (i/j) * (j/i);
  for(i = 1;i < 6;i++)
  {
    for(j = 1;j < 6; j++)
      printf("%2d",a[i][j]) ;
    printf("\n");
```

```
    }
}
```

(4)

```
#include <stdio.h>
void main()
{
   int a[10][10],i,j,sum = 0;
   for(i = 0;i < 10;i++)
      for(j = 0;j < 10;j++)
        a[i][j] = i + j;
   for(i = 0;i < 10;i++)
      sum = sum + a[i][i] + a[i][9 - i];
   printf("sum = %d",sum);
}
```

(5)

```
#include <stdio.h>
void main()
{ int a[6],i,k;
   for(i = 0;i < 6;i++) a[i] = 1;
   for(i = 0;i < 6;i++)
      for(k = 0;k < 6;k++)
          a[i] = a[i] + a[k];
   for(i = 0;i < 6;i++)
      printf(" %10d",a[i]);
}
```

(6) 下面程序运行时，输入 AabD，则运行结果是什么？

```
#include <stdio.h>
void main ()
{
   chars[80];
   inti = 0;
   gets(s);
   while(s[i]!= '\0')
   {
     if (s[i]<= 'z' && s[i]>= 'a')
       s[i] = 'z' + 'a' - s[i] ;
     i++;
   }
   puts(s);
}
```

(7) 下面程序运行时输入 1234321，则运行结果是什么？

```
#include <stdio.h>
main()
{long   x;
int i,j,n,d[20];
```

```
scanf("%ld",&x);
n=0;
do
{d[n]=x%10;x=x/10;n++;
}while(x!=0);
for(i=0,j=n-1;i<j;i++,j--)
if(d[i]!=d[j]) break;
if(i<j) printf("NOT");
else printf("YES");
}
```

(8)

```
#include <stdio.h>
main()
{   static int i=0,a[10];
  while(i<5)
  {   a[i]=i;
    i++;
  }
  i=0;
  do
  {   printf("%5d",a[i]);
    i++;
  }while(i<10);
}
```

① 将程序里第三行中的单词 static 去掉，再次运行程序观察运行结果，分析原因。
② 将 do-while 循环中的语句“i++;”去掉，再次运行程序观察运行结果，分析原因。
(9) 下面程序运行时，输入 7 4 8 9 1 5↙，则运行结果是什么？

```
#include <stdio.h>
void main ()
{
  int a[6],i,j,k,m;
  for (i=0;i<6;i++)
    scanf ("%d",&a[i]);
  for (i=5;i>=0;i--)
  {
    k=a[5];
    for (j=4;j>=0;j--)
      a[j+1]=a[j];
    a[0]=k;
    for (m=0 ; m<6 ; m++)
      printf("%d",a[m]);
    printf("\n");
  }
}
```

(10) 下面程序运行时，输入数据 21，则运行结果是什么？

```
#include <stdio.h>
```

```
void main()
{
  int x,y,i,a[8],j,u;
  scanf(" % d",&x);
  y = x;i = 0;
  do
  {
    u = y/2;
    a[i] = y % 2;
    i++;y = u;
}while(y >= 1);
  for(j = i - 1;j >= 0;j -- )
    printf(" % d",a[j]);
}
```

2. 程序填空题。请按功能完成下列程序并上机调试运行。

(1) 下面程序以每行 4 个数据的形式输出 a 数组。

```
#include < stdio.h >
#define N 8
void main()
{   int  a[________],i;
    for(i = 0;i < N;i++) scanf(" % d",&a[i]);
  for(i = 0;i < N;i++)
  {if(___________) printf("\n");
   printf(" % 3d",a[i]);
  }
}
```

(2) 下面程序的功能是：求数组 a 中各相邻两个元素的和，并将和值保存到数组 b 中，再输出数组 b。

```
#include < stdio.h >
#define N 8
void main()
{   int  a[N],b[N],i;
    for(i = 0;i < N;i++) scanf(" % d",&a[i]);
    for(i = 0;i < N;i++) printf(" % 3d",a[i]);
  printf("\n");
  for(i = 1;i < N;i++)
  b[i] = ________________
    for(i = 1;i <________ ;i++)
   printf(" % 3d\n",b[i]);
}
```

(3) 下面程序的功能为：输出杨辉三角形的前 5 行。

```
#define N 5
#include"stdio.h"
void main()
{int i,j;
int x[N][N];
```

```
    for(i = 0;i < N;i++)
      for(j = 0;j <= i;j++)
      {
        if(________) x[i][j] = 1;
        else x[i][j] = ________________;
      }
    for(i = 0;i < N;i++)
      {
        for(j = 0;j <= i;j++)
        printf(" %d",x[i][j]);
        printf(____);
      }
}
```

(4) 下面程序的功能为：在主函数中读入一个字符串，再读入一个字符，然后调用函数 delete 在字符串中查找并删除该字符，最后输出该字符串。

```
#include "stdio.h"
void delete(char p[],char ch)
{
    int i = 0,j;
    while(____________)
    {
      if(p[i] == ch)
        for(j = i;p[j]!= '\0';j++)
          p[j] = p[j + 1];
      else
        i++;
    }
}
void main()
{
    char p[80],ch;
    int i = 0;
    gets(p);
    scanf(" %c",&ch);
    delete(__________);
    printf(" %s",____);
}
```

(5) 下面程序的功能是：用"起泡法"进行由小到大排序。

```
#define N 10
#include "stdio.h"
void main()
{
    int a[N],temp,i,j;
    printf("input numbers:\n");
    for(i = 0;i < N;i++)
      scanf(" %d",&a[i]);
    for(i = 1;i < N;i++)
      for(j = 0;j <= ______;j++)
```

```
        if(a[j]>a[j+1])
        {____________________}
    for(i=0;i<N;i++)
    printf("%d ",a[i]);
}
```

3. 程序改错。请按照下面各程序的功能修改程序，并上机调试运行。

(1) 下面程序的功能是：求出矩阵两条对角线上元素的和。

```
#include<stdio.h>
void main()
{   int  a[3][3]=1,3,5,7,9,8,6,4,2,sum1=0,sum2=0,i,j;
    for(i=0;i<3;i++)
      for(j=0;j<3;j++)
      if(i==j)sum1=sum1+a[i][j];
   for(i=0;i<3;i++)
      for(j=2;j<=0;j--)
        if(i+j==2) sum2=sum2+a[i][j];
    printf("sum1=%d,sum2=%d\n",sum1,sum2);
}
```

(2) 下面程序的功能是：给一维数组 a 输入任意 6 个正整数，如 7 6 8 9 5 3，则建立具有以下内容的方阵并打印输出。

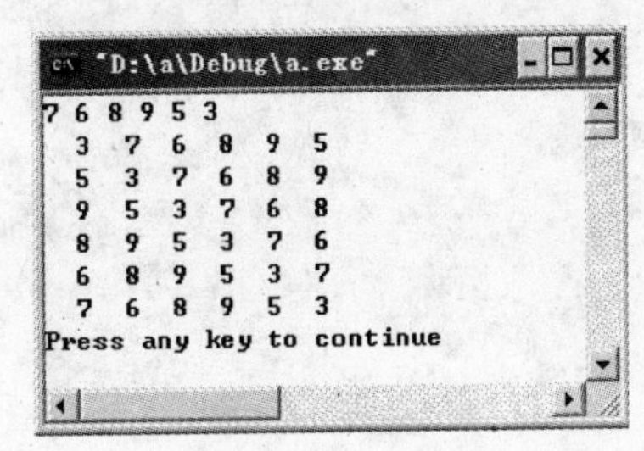


```
#include<stdio.h>
void main()
{   int  a[6],i,j,k,m;
    for(i=0;i<6;i++)
      scanf("%d",&a[i]);
   for(i=1;i>=0;i--)
   { k=a[5];
    for(j=4;j>=0;j++)
      a[j+1]=a[j];
    a[0]=k;
    for(m=0;m<6;m++)
      printf("%3d",a[m]);
    printf("\n");
   }
}
```

5.3.3 设计性实验

1. 输出斐波拉契数列的前 30 项，按每行 5 项输出。

2. 输入10个整数存入一维数组中,按由大到小排序输出;再输入5个数逐个插入该数组中,要求插入后保持有序。注:插入和排序分别用两个用户自定义函数完成。

3. 任意输入两个字符串,存放在a、b两个数组中。然后把较短的字符串放在a数组,较长的字符放在b数组,并将两个字符串连接起来存放到c数组中。输出a、b、c中的三个字符串。

4. 一个素数依次从低位划去一位、两位、……,若所得各数仍都是素数,则称为超级素数。例如239、23、2均为素数,求[100,9999]区间内的超级素数。

5. 输入5×5的数组,编写程序实现以下功能。

(1) 求出对角线上各元素的和;

(2) 求出对角线上行、列下标均为偶数的各元素的积;

(3) 找出对角线上其值最大的元素和它在数组中的位置。

6. 已知$\boldsymbol{A}$是一个3×4矩阵,$\boldsymbol{B}$是一个4×5矩阵,编写程序,从键盘输入矩阵$\boldsymbol{A}$、$\boldsymbol{B}$的值,求$\boldsymbol{C}=\boldsymbol{A}\times\boldsymbol{B}$,并输出矩阵$\boldsymbol{C}$。

第6章 指针

6.1 实验目的

(1) 掌握指针的概念、指针变量定义格式及引用方式。
(2) 掌握指针的相关运算。
(3) 掌握指针与数组的关系。
(4) 掌握指针与函数的关系。
(5) 了解指向函数的指针及指向指针的指针。
(6) 了解指针数组与命令行参数的概念及应用。

6.2 相关知识

6.2.1 指针的定义和赋值

1. 指针变量的定义

格式:

```
类型名 *指针变量名;
```

说明: * 表示这是一个指针变量,变量名即为定义的指针变量名,类型名表示本指针变量所指向的变量的数据类型。

2. 指向指针变量的指针

如果一个指针变量存放的又是另一个指针变量的地址,则称这个指针变量为指向指针的指针变量。

格式:

```
类型名 ** 变量名;
```

3. 指针类型函数的定义

格式:

```
类型标识符 *函数名(参数表)
{函数体}
```

说明：其中函数名之前加了“*”号表明这是一个指针型函数，即返回值是一个指针(地址)。类型名表示返回的指针值所指向的数据类型。

4. 指向函数的指针定义

格式：

```
类型名 (*指针变量名)();
```

说明：其中“类型名”表示被指函数的返回值的类型。“(* 指针变量名)”表示“*”后面的变量是定义的指针变量。最后的空括号表示指针变量指向的是一个函数的首地址。

6.2.2 指针的相关运算

1. 指针变量的赋值

格式：

```
指针变量名=某一地址;
```

指针变量的赋值运算有以下几种形式：

(1) 指针变量初始化赋值。

(2) 把一个变量的地址赋予指向相同数据类型的指针变量。例如：

```
int a, *pa, **pb;
pa=&a;          /*把整型变量a的地址赋予整型指针变量pa*/
pb=&pa;         /*把指向整型变量的指针变量pa的地址赋予二级指针变量pb*/
```

(3) 把一个指针变量的值赋予指向相同类型变量的另一个指针变量。例如：

```
int a, *pa=&a, *pb;
pb=pa;          /*把a的地址赋予指针变量pb*/
```

由于pa、pb均为指向整型变量的指针变量，因此可以相互赋值。

(4) 把数组的首地址赋予和数组元素同类型的指针变量。例如：

```
int a[5], *pa;
pa=a;
```

数组名表示数组的首地址，即首元素地址，故可赋予同类型指针变量pa，使其指向该数组。也可写为：

```
pa=&a[0];       /*数组第一个元素的地址也是整个数组的首地址，也可赋予pa*/
```

当然也可采取初始化赋值的方法：

```
int a[5], *pa=a;
```

(5) 把字符串的首地址赋予指向字符类型的指针变量。例如：

```
char * pc;
pc = "C Language";
```

或用初始化赋值的方法写为：

```
char * pc = "C Language";
```

这里应说明的是并不是把整个字符串装入指针变量，而是把存放该字符串的字符数组的首地址装入指针变量。

(6) 把函数的入口地址赋予指向函数的指针变量。例如：

```
int ( * pf)();
pf = f;          /* f 为函数名 */
```

2. 算术运算

(1) 对于指向数组的指针变量，可以加上或减去一个整数 n。指针变量加或减一个整数 n 的意义是把指针指向的当前位置(指向某数组元素)向前或向后移动 n 个元素位置。

(2) 两指针变量相减：两指针变量相减所得之差是两个指针所指数组元素之间相差的元素个数。实际相当于两个指针值(地址)相减之差再除以该数组元素占用的字节数。

3. 关系运算

指向同一数组的两指针变量进行关系运算可表示它们所指数组元素之间的关系。例如：

pf1＝＝pf2 表示 pf1 和 pf2 指向同一数组元素；

pf1＞pf2 表示 pf1 处于高地址位置；

pf1＜pf2 表示 pf1 处于低地址位置。

4. 取地址运算和取内容运算

*：求其后内存地址中的内容；

&：求变量的内存地址。

6.2.3 一维数组与指针

若有数组及指针定义“int a[5]，* p＝a;”，则该一维数组元素的多种表示方法如表 6.1 所示。

表 6.1 一维数组元素的各种表示方式

下标法	a[0]	a[1]	a[2]	a[3]	a[4]
指针法	* p	* (p+1)	* (p+2)	* (p+3)	* (p+4)
	p[0]	p[1]	p[2]	p[3]	p[4]
	* a	* (a+1)	* (a+2)	* (a+3)	* (a+4)
各元素地址	p	p+1	p+2	p+3	p+4
	a	a+1	a+2	a+3	a+4

6.2.4 二维数组与指针

1. 二维数组的行列地址表示

若有数组定义“int a[3][4];”，则该数组中每个元素的地址值如图 6.1 所示。

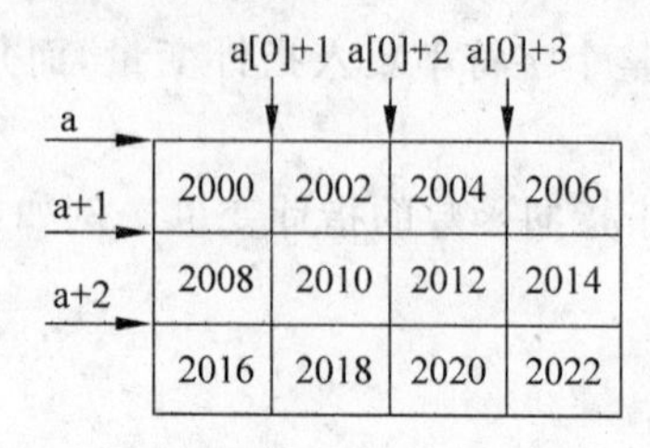

图 6.1

2. 行指针：指向一维数组(二维数组的一行)的指针

格式：

类型名 (*指针变量名)[元素个数]

3. 二维数组元素多种地址的表示形式，如表 6.2 所示

例如：有定义“int a[3][4],(*p)[4]=a,*q=a[0];”，则该二维数组元素多种地址的表示形式如表 6.2 所示。

表 6.2 二维数组元素多种地址的表示形式

表示形式	含义
a,p	二维数组第 0 行首地址
a[0],*(a+0),*a,q	第 0 行第 0 列元素地址
a+1,p+1	第 1 行首地址
a[1],*(a+1),p[1]	第 1 行第 0 列元素地址
a[i]+j,*(a+i)+j,&a[i][j],*(p+i)+j	第 i 行、第 j 列元素地址
*(第 i 行、第 j 列元素地址)	第 i 行、第 j 列元素的值

6.2.5 指针数组与命令行参数

1. 指针数组

格式：

类型名 *数组名[常量表达式]

说明：类型名表示每个指针数组元素所指向的变量的类型。

2. 带参数的主函数

格式：

```
void main(int argc,char * argv[])
{ 函数体 }
```

说明：

argc 参数表示了命令行中参数的个数(注意,文件名本身也算一个参数),argc 的值是在输入命令行时由系统按实际参数的个数自动赋予的。argv 是指向字符串的指针数组。

命令提示符下命令行的一般形式为：

可执行文件名　参数 1　参数 2……参数 *n*;

6.3 实验内容

6.3.1 验证性实验

实例 6.1 融合指针方式和下标方式的一维数组元素依次访问的多种方式。

```
#include <stdio.h>
void main()
{
  int a[] = {0,1,2,3,4},i, * p;
  for(i = 0;i <= 4;i++)
    printf(" %d\t",a[i]);
  printf("\n");
  for(p = &a[0];p <= &a[4];p++)
    printf(" %d\t", * p);
  printf("\n\n");
  for(p = a + 4;p >= a;p -- )
    printf(" %d\t", * p);
  printf("\n");
  for(p = a + 4, i = 0;i <= 4;i++)
    printf(" %d\t",p[ - i]);
  printf("\n");
  for(p = a + 4;p >= a;p -- )
    printf(" %d\t",a[p - a]);
  printf("\n");
}
```

程序说明：

应用指针变量访问数组元素时,既可使用下标方式(下标变量还可以为负数,如程序中的“p[－i]”),也可以改变指针变量值,使之指向相应数组元素,再进行取内容运算。注意,数组名为地址常量,不能通过程序语句改变其值。

实例 6.2 以下程序的功能为：任意输入 2 个变量的值,调用两个函数,可以分别求两个变量的和,或交换两个变量的值。

```
#include <stdio.h>
int sum(int a,int b)
{ int c;
  c = a + b;
```

```
    return c;
  }
  swap(int *a,int *b)
  { int t;
    t=*a;  *a=*b;  *b=t;
  }
  void main()
  { int a,b,c,(*p)();
    scanf("%d,%d",&a,&b);
    p=sum;
    c=(*p)(a,b);
    p=swap;
    (*p)(&a,&b);
    printf("sum=%d\n",c);
    printf("a=%d,b=%d\n",a,b);
  }
```

程序说明：

程序中定义了一个指向函数的指针p，语句“p=sum;”将函数sum()的入口地址赋给了指针p，对函数sum()的调用就可以使用语句“(*p)(a,b)”来完成。对于函数swap()而言，由于形式参数为指针，因此调用时，必须相应给出地址值作为实际参数。

实例6.3 下面程序的功能是将两个字符串s1和s2连接起来。

```
#include<stdio.h>
void main()
{  void conj(char *p1,char *p2);
   char s1[80],s2[80];
   gets(s1);
   gets(s2);
   conj(s1,s2);
   puts(s1);
}
void conj(char *p1,char *p2)
{  char *p=p1;
   while(*p1)
     p1++;
   while(*p2)
     *p1++=*p2++;
   *p1='\0';
}
```

程序说明：

语句“while(*p2)”表示当指针p2指向的存储单元不为0时，循环继续。两个串进行连接结束后，一定要在串的最后加上字符串结束标志'\0'，否则将无法按串的方式对它进行后续操作。

实例6.4 输入五个人的姓名，按字母顺序排列输出。

```
#include"string.h"
#include"stdio.h"
void input(char a[][20])
{  int i;
```

```
  printf("Please input 5 names:");
  for(i = 0;i < 5;i++) gets(a[i]);
}
void sort(char ( * a)[20])
{  int  i,j;
  char st[20];
  for(i = 0;i < 5;i++)
    for(j = i + 1;j < 5;j++)
    if(strcmp(a[j],a[i])< 0)
    {  strcpy(st,a[i]);
       strcpy(a[i],a[j]);
       strcpy(a[j],st);
    }
}
void output(char a[][20])
{  int i;
  for(i = 0;i < 5;i++)
  puts(a[i]);
}
void main()
{  char name[5][20];
   input(name);
   sort(name);
   printf("The sorted names:\n");
   output(name);
}
```

程序说明：

对字符串进行复制时，不能使用简单的赋值方式，应调用函数 strcpy 来完成；字符串的比较也不能使用一般的关系运算来完成，而应该调用函数 strcmp 来完成。

6.3.2　基础练习实验

1. 分析并写出下面程序的运行结果，然后运行此程序，思考为什么会得到这样的结果。

(1)

```
#include < stdio.h >
void main()
{  int a[][3] = {{1,2,3},{6,5,4}},i,j;
   int * p = &a[0][0];
   for(i = 0;i < 2;i++)
     for(j = 0;j < 3;j++)
       if( * p < a[i][j])
         p = &a[i][j];
   printf(" %d", * p);
}
```

(2)

```
#include < stdio.h >
void ff(char * p1,char * p2)
{  while( * p2++ = * p1++);
```

```
}
void main()
{  char p1[] = "abcde",p2[] = "1234567";
   ff(p1,p2);
   printf("%s\n%s\n",p1,p2);
}
```

(3)

```
#include <stdio.h>
void f(int *x,int *y)
{
  int t;
  t= *x; *x= *y; *y=t;
}
void main()
{
  int a[8] = {1,2,3,4,5,6,7,8},i, *p, *q;
  p=a;q=&a[7];
  while(p<a+4)
  {
    f(p,q);
    p++;q--;
  }
  for(i=0;i<8;i++)
    printf("%d,",a[i]);
}
```

(4)

```
#include <stdio.h>
int hw(int *a,int n)
{  int *p1=a, *p2=a+n-1;
   while(p1<p2)
      if(*p1!= *p2)
         return 0;
      else{p1++;p2--;}
  return 1;
}
void main()
{  int a[10] = {1,2,3,4,5,5,4,3,2,1},n;
   n=hw(a,10);
   printf("%s\n",n?"yes":"no");
}
```

(5)

```
#include <stdio.h>
main()
{  int a[][3] = {1,2,3,4,5,6},i,j;
   int *p,(*q)[3];
   q=a;
```

```
    for(p = a[0], i = 0; i < 6; i++, p++)
        printf(" %3d", * p);
    putchar('\n');
    for(i = 0; i < 2; i++)
    {   for(j = 0; j < 3; j++)
            printf(" %3d", q[i][j]);
        putchar('\n');
    }
}
```

(6)

```
#include <stdio.h>
void del(char * s, char c )
{
    int i, j;
    for (i = j = 0; s[i]!= '\0'; i++)
        if(s[i] == c)
            s[j++] = s[i];
    s[j] = '\0';
}
void main()
{
    char s[] = "the c language";
    del(s, 'a');
    puts(s);
}
```

(7)

```
#include <stdio.h>
#include <string.h>
void fun(char * p, int n)
{
    char * i, * j, t;
    for (i = p, j = p + n - 1; i < j; i++, j -- )
    {
        t = * i; * i = * j; * j = t;
    }
}
void main()
{
    char s[] = "1234567890";
    fun(s, strlen(s));
    puts(s);
}
```

2. 程序填空题。请按功能完成下列程序并上机调试运行。

(1) 下面程序中函数 strlen 的功能是返回字符串 s 的长度。

```
#include <stdio.h>
int strlen(char * s)
```

```
{   char *p=s;
    while(*p!='\0')
        p++;
    return ________;
}
main()
{   char a[20];
    gets(a);
    printf("%d",__________);
}
```

(2) 下面程序的功能是：从键盘输入一个正整数，按二进制形式输出(提示：十进制整数转换为二进制采用"除2取余法")。

```
#include <stdio.h>
void main()
{
    void fun1(int a,int *b,int *n);
    int x,a[16],n,i;
    scanf("%d",&x);
    fun1(x,a,____);
    for(i=0;i<n;i++)
     printf("%1d",a[n-1-i]);
}
void fun1(int a,int *b,int *n)
{
    int r,m;
    m=0;
    do
    { r=a%____;
      *(b+m)=r;
      m++;
      a=a/____;
    }while(a);
    *n=m;
}
```

(3) 下面程序的功能是：在数组中同时查找最大元素下标和最小元素下标，分别存放在main函数的变量max和min中。

```
#include <stdio.h>
void find(int *a,int n,int *max,int *min)
{
    int i;
    *max=*min=0;
    for(i=1;i<n;i++)
        if(a[i]>a[*max])
            __________;
        else if(a[i]<a[*min])
            __________;
}
void main()
```

```
{   int a[ ] = {5,8,7,6,2,7,3},max,min;
   find(________________);
   rintf("\n%d, %d\n",max,min);
}
```

3. 程序改错。请按照下列各程序的功能修改程序,并上机调试运行。

(1) 下面程序的功能是:通过指针操作,找出三个整数中的最小数并输出。

```
#include <stdio.h>
void main()
{   int   *a, *b, *c,num,x,y,z;
    a= *x;b=&y;c=&z;
  printf("输入3个整数:");
  scanf("%d%d%d",a,b,c);
  printf("%d, %d, %d\n", *a, *b, *c);
  num = *a;
  if( *a> *b) num = *b;
  if(num> *c)num = *c;
  printf("输出最小整数:%d\n", *num);
}
```

(2) 下面程序的功能是:将数组a中的数据逆序存放。

```
#include <stdio.h>
void main()
{   int a[8],i,j,t;
    for(i=0;i<8;i++) scanf("%d",a+i);
  i=0;j=7;
  while(i>j)
  {t= *(a+i); *(a+i)= *(a+j); *(a+j)=t;
   i++;j--;
  }
  for(i=0;i<8;i++) printf("%3d",(a+i));
}
```

6.3.3 设计性实验

1. 自定义函数实现用指针方法完成两个字符串的比较,并编写主函数调用之。

2. 运用指针编写程序,在a数组中查找与 x 值相同的元素的位置。x 值从键盘输入,如能找到则输出位置,如不能找到也应给出提示。

3. 编写程序,要求采用指针方法处理如下问题:

(1) 用户从键盘输入3行、4列的float型数组数据。

(2) 求每行中4个元素的平均值。

(3) 求每列中3个元素的平均值。

(4) 求数组全部元素的平均值。

(5) 求全部元素中的最大元素。

4. 编写程序,将字符串computer赋给一个字符数组,然后从第一个字母开始间隔地输出该串,用指针方法完成。

第7章 结构体、共用体、枚举类型和位操作

7.1 实验目的

(1) 理解结构体类型、共用体类型和枚举类型的概念，掌握它们的定义形式。

(2) 掌握结构体变量和共用体变量的定义和成员引用方法。

(3) 了解动态存储分配的基本概念，熟练运用内存动态分配管理函数。

(4) 进一步掌握C语言中指针的运用。

(5) 理解链表的概念，掌握链表的建立、插入、删除等基本操作。

(6) 理解位运算的概念，掌握各种位运算的规则。

(7) 了解 typedef 的应用。

7.2 相关知识

7.2.1 结构体类型和共用体类型

1. 结构体类型的定义和共用体类型的定义

(1) 结构体类型的定义	(2) 共用体类型的定义
struct 结构体类型名 {类型标识符　　成员名 1; 　类型标识符　　成员名 2; 　　…… 　类型标识符　　成员名 n; };	union 共用体类型名 {类型标识符　　成员名 1; 　类型标识符　　成员名 2; 　　…… 　类型标识符　　成员名 n; };

2. 结构体类型变量的定义和共用体类型变量的定义

(1) 结构体类型变量的定义	(2) 共用体类型变量的定义
① 先定义结构体类型再定义结构体变量	① 先定义共用体类型再定义共用体变量
struct　结构体名 {成员列表}; struct　结构体名　变量名表;	union 共用体名 {成员列表}; union 共用体名　变量名表;
② 在定义类型的同时定义变量	② 在定义类型的同时定义变量
struct 结构体名 {成员列表 }变量名列表;	union 共用体名 {成员列表 }变量名列表;
③ 直接定义结构体变量	③ 直接定义共用体变量
struct {成员列表}变量名表;	union {成员列表}变量名表;

3. 结构体变量成员的引用和共用体变量成员的引用

(1) 结构体变量成员的引用	(2) 共用体变量成员的引用
方式一:	方式一:
结构体变量名.成员名	共用体变量名.成员名
方式二:	方式二:
结构体指针变量名－>成员名	共用体指针变量名－>成员名
方式三:	方式三:
(*结构体指针变量名).成员名	(*共用体指针变量名).成员名

7.2.2　枚举类型

1. 枚举的定义

枚举类型定义的一般形式为:

```
enum 枚举名{ 枚举值表 };
```

在枚举值表中应罗列出所有可用值,这些值也称为枚举元素。例如:

```
enum weekday{sun,mou,tue,wed,thu,fri,sat};
```

2. 枚举变量的定义

如同结构体和共用体一样,枚举变量也可用不同的方式说明,即先定义后说明、同时定义说明或直接说明。

设有变量 a、b、c 被说明为上述的 weekday,可采用下述任一种方式:

```
enum weekday a,b,c;
```

或者

```
enum weekday{sun,mou,tue,wed,thu,fri,sat}a,b,c;
```

或者

```
enum {sun,mou,tue,wed,thu,fri,sat}a,b,c;
```

3. 枚举类型使用说明

(1) 枚举值是常量,不是变量,不能在程序中用赋值语句再对它赋值。

(2) 枚举元素本身由系统定义了一个表示序号的数值,从0开始顺序定义为0,1,2…。如在weekday中,sun值为0,mon值为1,……,sat值为6。

(3) 也可根据需要在枚举类型定义时将部分枚举元素初始化为特定值。

如:

```
enum weekday{sun,mou,tue,wed = 4,thu,fri,sat = 10};
```

此时,sun的值为0,mou的值为1,tue的值为2,wed的值为4,thu的值为5,fri的值为6,sat的值为10。

(4) 枚举变量只能赋值为同类型的枚举常量或枚举变量。

7.2.3 位运算符

1. C语言的六种位运算符

&	按位与
|	按位或
^	按位异或
~	取反
<<	左移
>>	右移

2. 位段

(1) 位段的定义

```
struct 位段结构名
    {位段列表};
```

其中位段列表的形式为:

```
类型说明符 位段名:位段长度
```

例如:

```
struct bs
```

```
{
    int a:8;
    int b:2;
    int c:6;
};
```

(2) 位段变量的定义

位段变量的说明与结构变量说明的方式相同。可采用先定义后说明、同时定义说明或者直接说明这三种方式。

说明：

① 一个位段必须存储在同一个字节中，不能跨两个字节。

② 由于位段不允许跨两个字节，因此位段的长度不能大于一个字节的长度，也就是说不能超过8位二进制位。

③ 位段可以无位段名，这时它只用来作填充或调整位置。无名的位段是不能使用的。

(3) 位段的使用

位段的使用和结构成员的使用相同，其一般形式为：

```
位段变量名.位段名
```

7.2.4 类型定义符 typedef

typedef 定义的一般形式为：

```
typedef 原类型名  新类型名
```

如：

```
typedef struct stu
{
    char name[20];
    int age;
    char sex;
}STU;
```

定义 STU 表示 stu 的结构体类型，然后可用 STU 来说明结构体变量。如下：

```
STU body1,body2;
```

7.2.5 链表

所谓链表是指若干个数据项(每个数据项称为一个“结点”)按一定的原则连接起来。每个数据项都包含有若干个数据和一个指向下一个数据项的指针，依靠这些指针将所有的数据项连接成一个链表，如图 7.1 所示。链表的基本操作包括：建立、插入、删除，如图 7.2 至图 7.4 所示。

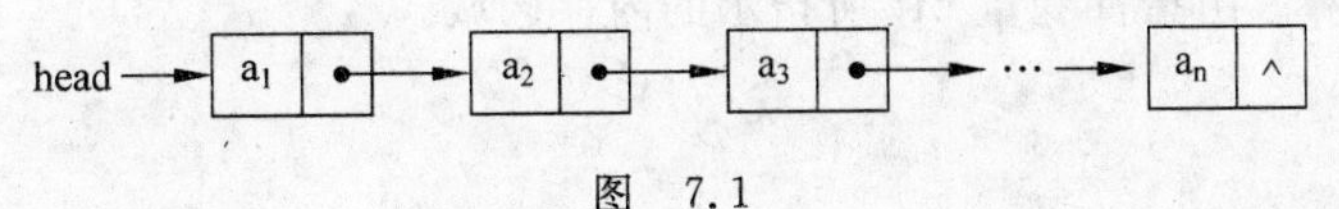

图 7.1

（1）链表建立示意图（从链头到链尾）

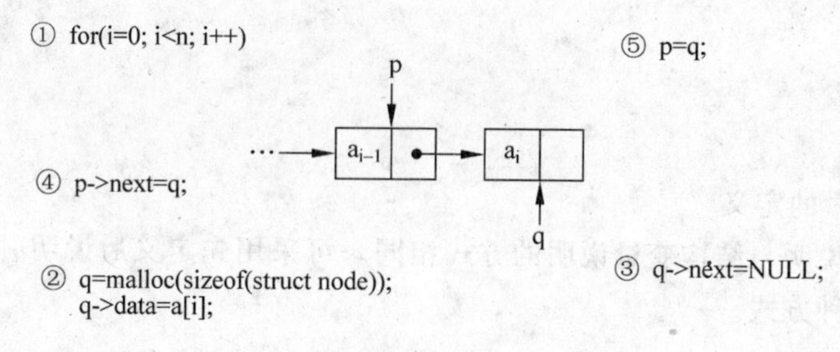

图 7.2

（2）链表的插入操作

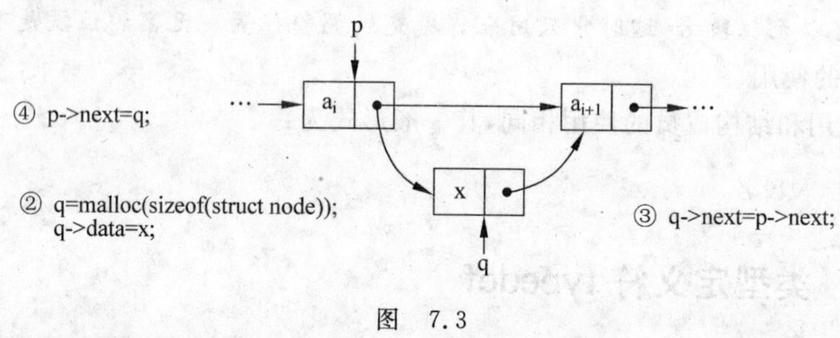

图 7.3

（3）链表的删除操作

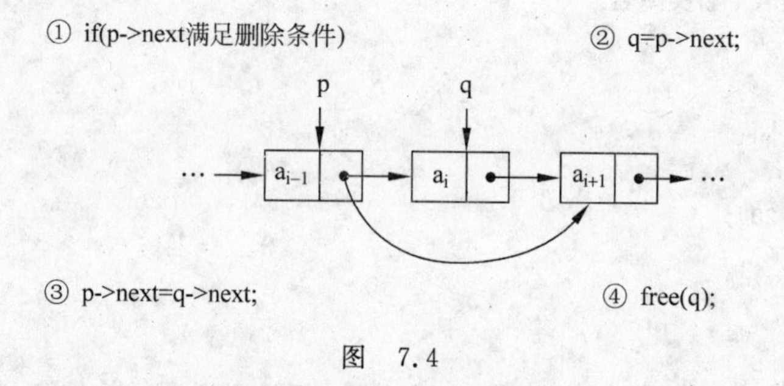

图 7.4

7.2.6 动态分配存储空间库函数

（1）malloc 函数

函数原型：`void *malloc(unsigned int size);`

函数功能：在内存的动态存储区中分配一个 size 长度的连续存储空间。

（2）free 函数

函数原型：`void free(void *ptr);`

函数功能：释放由指针变量 ptr 所指示的内存区域。

7.3 实验内容

7.3.1 验证性实验

实例 7.1　输入一串含有大、小写字母的字母串，将大写字母转换成小写字母，小写字母转换为大写字母，然后输出。

```
#include <stdio.h>
void main()
{
char s[20], *p=s;
puts("Input a string:\n");
gets(s);
while(*p) *p++^=0x20;
puts(s);
}
```

程序说明：

大字字母'A'的 ASCII 码为：0x41，二进制为：0100 0001。

小字字母'a'的 ASCII 码为：0x61，二进制为：0110 0001。

可以看出，对一个字母来讲，其 ASCII 码大、小写的差别仅在 D5 位，前者为 0，后者为 1，所以通过位运算，使 D5=0，可以使字母变为大写，使 D5=1，可以使字母变为小写。本题可以通过每一个字母的 ASCII 码与 0010 0000 即 0x20 进行异或运算，可实现大写字母变为小写字母，小写字母变为大写字母。

实例 7.2　有 5 个学生，每个学生的数据包括学号、姓名、3 门课的成绩，从键盘输入 5 个学生的数据，要求打印出每个学生的平均成绩，以及平均分最高的学生的数据（包括学号、姓名、3 门课的成绩、平均分数）。

```
#include <stdio.h>
struct student
{
    int num;
    char name[12];
    float score[3];
    float ave;
};
void main()
{
    struct student s[5];
    int i,k;
    for(i=0;i<5;i++)
    {
        scanf("%d",&s[i].num);
        getchar();
        gets(s[i].name);
        scanf("%f%f%f",&s[i].score[0],&s[i].score[1],&s[i].score[2]);
        s[i].ave=(s[i].score[0]+s[i].score[1]+s[i].score[2])/3;
```

```
    }
    k = 0;
    for(i = 1;i < 5;i++)
    {
        if(s[k].ave < s[i].ave)
            k = i;
    }
    for(i = 0;i < 5;i++)
    {       printf(" %d %s %f\n",s[i].num,s[i].name,s[i].ave);
    }
    printf(" %d %s %f ",s[k].num,s[k].name,s[k].score[0]);
    printf(" %f %f %f\n",s[k].score[1],s[k].score[2],s[k].ave);
}
```

程序说明：

本例程序中定义了一个结构体数组 student，共 5 个元素，利用循环分别输入每个学生的学号、姓名、3 门课的成绩，并计算 3 门课的平均成绩；再一次循环，确定平均分最高者的下标；最后输出每个学生的平均成绩，以及平均分最高的学生的数据(包括学号、姓名、3 门课的成绩、平均分数)。

实例 7.3 建立一个有多个结点的单向链表，每个结点包含学号和成绩。编写两个函数，一个用于建立链表，另一个用来输出链表。图 7.5 为建立链表的程序流程图，图 7.6 为输出链表的程序流程图。

```
#include < stdio.h >
#include < malloc.h >
#define NULL 0
#define LEN sizeof(struct student)
struct student
  {  long num;
     float score;
     struct student * next;
  };
struct student * creat()
  {struct student * head;
   struct student * p1, * p2;
   int n = 0;
   p1 = p2 = (struct student * ) malloc(LEN);
   scanf(" %ld, %f",&p1 -> num,&p1 -> score);
    head = NULL;
   while(p1 -> num!= 0)
     {  n = n + 1;
        if(n == 1)head = p1;
        else p2 -> next = p1;
        p2 = p1;
        p1 = (struct student * )malloc(LEN);
     scanf(" %ld, %f",&p1 -> num,&p1 -> score);
     }
     p2 -> next = NULL;
  return(head);
}
void print(struct student * head)
  {struct student * p;
```

```
    printf("\nNow, records are:\n");
    p = head;
   if(head! = NULL)
    do
   {printf(" % ld % 5.1f\n",p -> num,p -> score);
      p = p -> next;
   }while(p! = NULL);
  }
main()
{   struct student * head;
    head = creat();
    print(head);
}
```

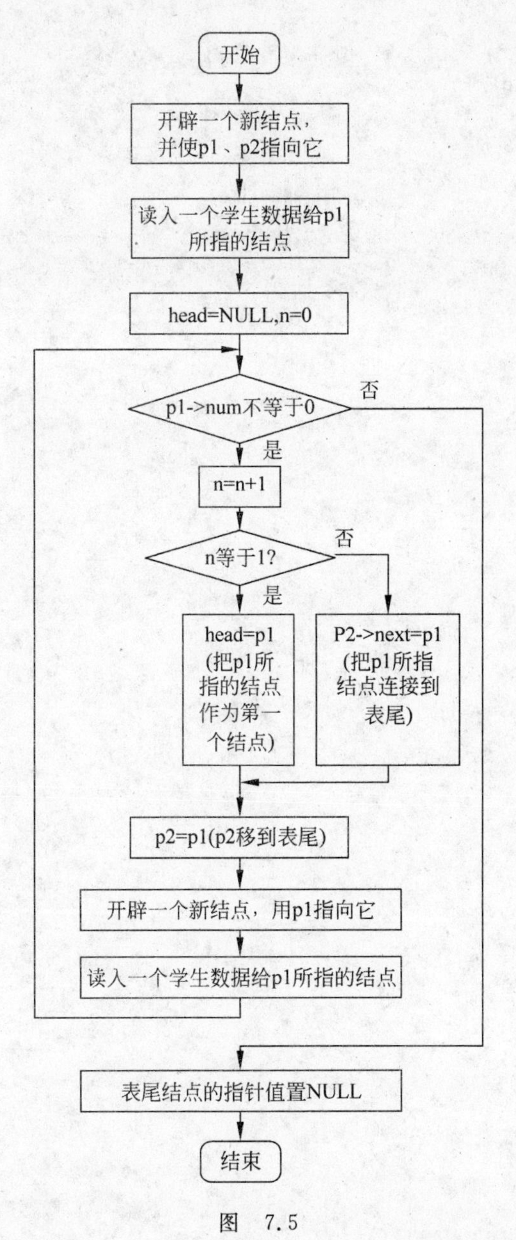

图 7.5

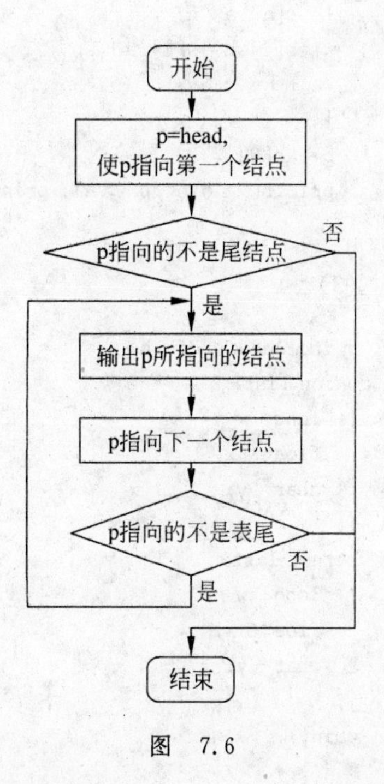

图 7.6

7.3.2 基础练习实验

1. 分析并写出下面程序的运行结果,然后运行此程序,思考为什么会得到这样的结果。

(1)

```
#include <stdio.h>
void main()
{
    unsigned a = 0224,b,c,d;
    b = a >> 4;
    c = ~(~0 << 4);
    d = b&c;
    printf("b = %o\nc = %o\nd = %d\n",b,c,d);
}
```

(2)

```
#include  <stdio.h>
union ee
{
  int a;
  int b;
} *p,s[4];
void main()
{
  int  n = 1,i;
  for(i = 0;i < 4;i++)
  {   s[i].a = n;
      s[i].b = s[i].a + 1;
      n += 2;
  }
  p = &s[0];
  printf("%d\n",p->a); printf("%d",++p->a);
}
```

(3)

```
#include <stdio.h>
union list1
{   long  w ;
    float  x;
    char  y;
};
struct list2
{   long  w ;
    float  x;
    char  y;
};
main()
```

```
{   union  list1 data1 ;
  struct list2 data2;
    data1.w = 1234;
  data2.w = 1234;
    printf(" % d\t % d\t % d\n",&data1.w,&data1.x,&data1);
    printf(" % d\t % d\t % d\n",&data2.w,&data2.x,&data2);
}
```

(4)

```
# include < stdio.h >
enum  color {red = 3,yellow,blue = 10,white,black};
main()
{       enum  color data1, data2;
        data1 = yellow;
        data2 = white;
        printf(" % d\t % d\n",data1,data2);
}
```

2. 程序填空题。请按功能完成下列程序并上机调试运行。

(1) 以下程序用指针指向 3 个整型存储单元,输入 3 个整数,并保持这 3 个存储单元的值不变。找出其中的最小值并输出。

```
# include < stdio.h >
# include < malloc.h >
void main()
{
    int ____________;
    a = (int * )malloc(sizeof(int));
    b = (int * )malloc(sizeof(int));
    c = (int * )malloc(sizeof(int));
    min = (int * )malloc(sizeof(int));
    scanf(" % d % d % d",________);
    printf("输入的 3 个数是: %d %d %d\n", * a, * b, * c);
    * min = * a;
    if( * a > * b)
        * min = * b;
    if( * min > * c)
        __________ = * c;
    printf("它们的最小值是: % d\n",________);
    free(a);free(b);free(c);free(min);
}
```

(2) 下面程序的功能为依次输出红、黄、蓝、白、黑、绿 6 种颜色的英语单词。

```
# include < stdio.h >
void main()
{
    enum  colortype {red,yellow,blue,white,black,green};
    typedef enum colortype COLOR;
    COLOR mycolor;
    for(mycolor = red;mycolor < = green;mycolor++)
```

```
    switch(__________)
    {   case red:printf("red\n");break;
        case yellow:printf("yellow\n");break;
        case blue:printf("blue\n");break;
        case white:printf("white\n");break;
        case black:printf("black\n");break;
        case green:printf("green\n");break;
    }
}
```

7.3.3 设计性实验

1. 编写一个函数 getbits,从一个 16 位的单元中取出某几位(即该几位保留原值,其余位为 0)。函数调用形式为:

```
getbits(value,n1,n2)
```

其中,value 为该 16 位数的值,n1 为欲取出的起始位,n2 为欲取出的结束位。如 getbits(0101675,5,8)表示对八进制数 101675,取出其从左面起的第 5 位到第 8 位。要求把这几位数用八进制形式打印出来。注意,应当将这几位数右移到最右端,然后用八进制形式输出。

2. 从键盘输入 10 个学生的基本信息(包括学号、姓名和 3 门课的成绩),计算每个学生的平均成绩,按平均成绩排序后,按每个学生一行的形式输出。

3. 应用链表编写程序,实现学生信息的简单管理。要求用函数实现以下各功能,并在主函数中进行调用。

(1) 建立链表,存储 10 个学生的基本数据(包括学号、姓名和 3 门课的成绩)。

(2) 输出平均成绩最高的学生姓名。

(3) 查找指定学生的信息。

(4) 删除指定学生的信息。

(5) 在指定的学生前或后再插入一个学生的信息。

(6) 统计指定课程不及格的人数。

(7) 输出链表中的全部学生信息。

第8章 文件

8.1 实验目的

(1) 掌握C语言中文件和文件指针的概念以及文件的定义方法。
(2) 掌握C语言中标准文件的打开与关闭方法。
(3) 掌握C语言中标准文件的读、写方法。
(4) 掌握C语言中文件操作的其他相关函数的使用方法。

8.2 相关知识

8.2.1 文件基本概念及文件类型

文件是指保存在外存储器上的一组数据的有序集合。根据文件的存储形式,可分为ASCII码文件和二进制文件。

系统给每个打开的文件都在内存中开辟一个区域,用于存放文件的有关信息(如文件名、文件位置等)。这些信息保存在一个结构类型变量中,该结构类型由系统定义,取名为FILE。

文件类型指针的定义形式:

```
FILE * fp;
```

8.2.2 文件的打开和关闭

(1) 文件的打开:fopen()函数

函数原型:`FILE * fopen("文件名","操作方式");`

函数功能:返回一个指向指定文件的指针。

说明:在打开一个文件时,如果出错,fopen将返回一个空指针值NULL。在程序中可以用这一信息来判别是否完成打开文件的工作,并作相应的处理。因此常用以下程序段打开文件,

```
if((fp = fopen("c:\\file2","rb") == NULL)
{
```

```
    printf("\nerror on open c:\\file2 file!");
    getch();
    exit(0);
}
```

(2) 文件的关闭：fclose()函数

函数原型：int fclose(FILE * 文件指针);

函数功能：关闭"文件指针"所指向的文件。如果正常关闭了文件，则函数返回值为0；否则，返回值为非0。

说明：文件一旦使用完毕，应用关闭文件函数把文件关闭，以避免文件的数据丢失等错误。

(3) 文件的操作方式

C语言文件操作方式及其含义如表8.1所示。

表 8.1 C语言文件操作方式

文件操作方式	含义
"r"(只读)	为只读打开一个字符文件
"w"(只写)	为只写打开一个字符文件，文件位置指针指向文件首部
"a"(追加)	打开字符文件，指向文件尾，在已存在的文件中追加数据
"rb"(只读)	为只读打开一个二进制文件
"wb"(只写)	为只写打开一个二进制文件
"ab"(追加)	打开二进制文件，以向文件追加数据
"r+"(读写)	以读写方式打开一个已存在的字符文件
"w+"(读写)	为读写建立一个新的字符文件
"a+"(读写)	为读写打开一个字符文件，进行追加
"rb+"(读写)	为读写打开一个二进制文件
"wb+"(读写)	为读写建立一个新的二进制文件
"ab+"(读写)	为读写打开一个二进制文件进行追加

8.2.3 文件的读写

(1) 读写文件中字符的函数

读字符：int fgetc (FILE * stream);

写字符：int fputc (int ch,FILE * stream);

(2) 读写文件中字符串的函数

读字符串：char * fgets (char * str ,int n ,FILE * stream);

写字符串：char * fputs (char * str ,FILE * stream);

(3) 格式化读写函数

读：int fscanf(FILE * fp, char * format[,address, …]);

写：int fprintf(FILE * fp, char * format[,argument, …]);

(4) 数据块读写函数

块读：fread(buffer, size, count, fp);

功能：从二进制文件中读入一个数据块到变量。

块写：fwrite(buffer, size, count, fp);

功能：向二进制文件中写入一个数据块。

buffer：指针，表示存放数据的首地址。

size：数据块的字节数。

count：要读写的数据块块数。

fp：文件指针。

8.2.4 文件操作的部分相关函数

(1) 函数 rewind()

函数原型：rewind(FILE *fp);

函数功能：定位文件位置指针，使文件位置指针指向读写文件的文件首。

(2) 函数 fseek()

调用形式：fseek(fp, offset, from);

函数功能：用来控制位置指针移动。

offset：移动偏移量，long 型。

from：起始位置，文件首部、当前位置和文件尾部分别对应 0、1、2，或常量 SEEK_SET、SEEK_CUR、SEEK_END。

(3) 函数 ftell()

调用形式：ftell(文件指针);

函数功能：获取当前文件位置指针的位置，即相对于文件开头的位移量(字节数)；函数出错时，返回－1L。

(4) ferror 函数

调用形式：ferror(文件指针);

函数功能：用来检查文件在用各种输入输出函数进行读写时是否出错，若返回值为 0，表示未出错；否则表示有错

(5) 函数 clearerr()

调用形式：clearerr(文件指针);

函数功能：用来清除出错标志和文件结束标志，使它们为 0。

(6) 函数 feof

调用形式：feof(fp);

函数功能：判断 fp 位置指针是否已经到文件末尾。

函数返回值为：1 表示到文件结束位置；0 表示文件未结束。

8.3 实验内容

8.3.1 验证性实验

实例 8.1 从键盘输入 10 个实数写入文件 data. txt 中。

```
#include <stdio.h>
main()
{
    FILE *fp;
    int i;
    float x;
    if((fp = fopen("date.txt","w")) == NULL)  /* 打开文件 */
    {
        printf("File open error!\n");
        exit(0);     /* exit(0):关闭所有打开的文件,并终止程序的执行 */
    }
    for(i = 1;i <= 10;i++)
    {
        scanf("%f",&x);
        fprintf(fp,"%f\n",x);
    }
    fclose(fp);
}
```

程序说明：

程序使用语句“fopen("date. txt","w")”以“只写”的方式打开一个文本 data. txt；在 for 循环体中,从键盘逐个输入实数放入变量 x 中,再使用语句“fprintf(fp,"%f\n",x);”将变量 x 的值写入文件 data. txt 中；最后使用语句“fclose(fp);”关闭文件。

实例 8.2 打开上例中创建的文件 data. txt,读出文件中存有的 10 个实数并显示出来。

```
#include <stdio.h>
main()
{
    FILE *fp;
    int i;
    float x;
    if((fp = fopen("date.txt","r")) == NULL)  /* 打开文件 */
    {
        printf("File open error!\n");
        exit(0);     /* exit(0):关闭所有打开的文件,并终止程序的执行 */
    }
    for(i = 1;i <= 10;i++)
    {
        fscanf(fp,"%f",&x);
        printf("%f\n",x);
```

```
    }
    fclose(fp);
}
```

程序说明：

程序使用语句“fopen("date. txt","r")”以“只读”的方式打开文本 data. txt；在 for 循环体中，使用语句“fscanf(fp,"%f",&x)”从文件 data. txt 中逐个读出实型值存入变量 x 中，然后显示到屏幕上；最后使用语句“fclose(fp);”关闭文件。

实例 8.3 从键盘输入 10 个实型数据写入二进制文件 dataf. dat 中。

```
#include <stdio.h>
#include <stdlib.h>
void main()
{
    float a[10],b;
    int i = 0;
    FILE *fp;
    if((fp = fopen("dataf.dat","wb")) == NULL)
    {
        printf("不能创建文件 dataf.dat.\n");
        exit(0);
    }
    while(i < 10)
    {
        scanf("%f",&b);
        a[i] = b;
        i++;
    }
    fwrite(a,sizeof(float),10,fp);
    fclose(fp);
}
```

程序说明：

程序使用语句“fopen("datef. dat","wb")”以“只写”的方式打开一个二进制文件 dataf. dat；在 while 循环体中，从键盘逐个输入实数通过 b 存入数组 a 中，并使用语句“fwrite(a, sizeof(float),10,fp);”将数组 a 中的 10 个实型数写到文件 dataf. dat 中；最后使用语句“fclose(fp);”关闭文件。

8.3.2 程序填空题

请按功能完成下列程序并上机调试运行。

(1) 从键盘输入 10 个字符，写到文件 datac. txt 中。

```
#include <stdio.h>
main()
{
    int i; char ch; FILE *fp;
```

```
    if(____________________ == NULL)
    {
        printf("File open error!\n");exit(0);
    }
    for(i=0;i<10;i++)
    {
        ch=getchar();
        fputc(________);
    }
    fclose(fp);
}
```

(2) 打开上题中创建的文件 datac.txt,读出文件中存储的字符并显示出来。

```
#include <stdio.h>
main()
{
    char ch; FILE *fp;
    if((____________________) == NULL)
    {
        printf("File open error!\n");
            exit(0);
    }
    while(!feof(fp))
    {
        ch=fgetc(fp);
            putchar(ch);
    }
    ____________;
}
```

(3) 从实例 8.3 创建的二进制文件 dataf.dat 中读出已存入的 10 个实型数据,按每行一个数据的方式输出到显示器。

```
#include <stdio.h>
#include <stdlib.h>
void main()
{
    float a[10];
    int i=0;
    FILE *fp;
    if((fp=____________________) == NULL)
    {
        printf("不能创建文件 dataf.dat.\n");
        exit(0);
    }
    fread(____________________);
    for(i=0;i<10;i++)
        printf("%f\n",a[i]);
```

```
    fclose(fp);
}
```

8.3.3 设计性实验

1. 输入 10 个人的成绩(包括英语、计算机和数学),存入文件 stu.dat 中。存放格式为:每人一行,成绩间由逗号分隔。

2. 从上题创建的文件 stu.dat 中读取数据,计算每个学生 3 门课的平均成绩,统计个人平均成绩大于或等于 90 分的学生人数。

3. 把命令行参数中的前一个文件名标识的文件复制到后一个文件名标识的文件中,如命令行中只有一个文件名,则把该文件写到标准输出文件(显示器)中。

第2部分 综合练习题及参考答案

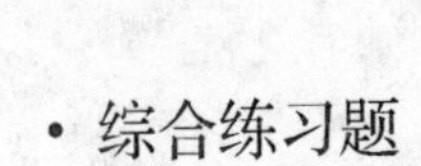

- 综合练习题
- 综合练习题参考答案

综合练习题

一、单项选择题(请在下面各题的四个备选答案中选择一个正确答案)

1. 下面数据常量中,属于“字符串常量”的是(　　)。

A. abc　　B. "abc"　　C. 'abc'　　D. 'a'

2. 以下选项中,错误的赋值语句是(　　)。

A. x+2=y;　　B. n=n-6;　　C. y=2*x+7;　　D. i+=2;

3. 以下选项中合法的用户标识符是(　　)。

A. long　　B. _2Test　　C. 3Dmax　　D. A.dat

4. 下面程序段执行后输出的结果是(　　)。

```
char s[12] = "a book!";
printf("%.4s", s);
```

A. a book!　　B. a bo

C. a book! xxxx　　D. 无输出(格式控制符不正确)

5. 结构化程序的三种基本结构是(　　)。

A. 顺序结构、选择结构、循环结构　　B. 递归结构、循环结构、转移结构

C. 嵌套结构、递归结构、顺序结构　　D. 循环结构、转移结构、顺序结构

6. 执行下面的程序段后,B的值为(　　)。

```
int  x = 35;
char  z = 'A';
int  B;
B = ((x&15)&&(z <'a'));
```

A. 0　　B. 1　　C. 2　　D. 3

7. 以下程序的输出结果为(　　)。

```
#include < stdio.h >
 main()
{   int i;
    for (i = 0;i < 10; i++) ;
    printf("%d",i);
}
```

A. 0　　B. 123456789　　C. 0123456789　　D. 10

8. C语句for(;;){……}是指(　　)。

A. 无意义　　B. 无限循环　　C. 循环执行 1 次　　D. 循环执行 0 次

9. 以下选项中可作为 C 语言合法常量的是(　　)。

A. 0xA5　　B. 0xG5　　C. 0xA. 5　　D. 0A5

10. 一个 C 程序中(　　)。

A. main 函数必须出现在所有函数之前　　B. main 函数可以在任何地方出现

C. main 函数必须出现在所有函数之后　　D. main 函数可以不出现。

11. 以下选项中不属于 C 语言的类型的是(　　)。

A. signed short int　　B. unsigned long int

C. unsigned int　　D. long short

12. 关于 C 语言,以下叙述正确的是(　　)。

A. 构成 C 程序的基本单位是函数

B. 可以在函数中定义另一个函数

C. 可以在 main 函数中定义另一个函数

D. 所有被调用的函数一定要在调用之前进行定义

13. 以下程序的输出结果是(　　)。

```
int x = 3, y = 4;
void main()
 {   int x, y = 5;
     x = y++;
     printf(" % d", x);
}
```

A. 3　　B. 4　　C. 5　　D. 6

14. 在一个源程序文件中定义的全局变量,其作用域为(　　)。

A. 整个源程序文件　　B. 从定义处开始到本源程序文件结束

C. 整个主函数　　D. 所处 C 程序的所有源程序文件中

15. 在下面 C 语言的函数说明语句中,正确的是(　　)。

A. int fun(int x, int y);　　B. int fun(int x, y);

C. int fun(x, y);　　D. int fun(int x; int y);

16. 有定义“int x, y=10, * p=&y;”,则能使得 x 的值也等于 10 的语句是(　　)。

A. x=p;　　B. x=&p;　　C. x=&y;　　D. x= * p;

17. 程序运行后的输出结果是(　　)。

```
#include < stdio. h >
void main()
{
    int k = 17;
    printf(" % #d, % #o, % #x\n", k, k, k);
}
```

A. 17,21,11　　B. 17,17,17　　C. 17,0x11,021　　D. 17,021,0x11

18. 有定义语句“int x, y;”,若要通过“scanf("%d,%d", &x, &y);”语句使变量 x 得到数值 11,变量 y 得到数值 12,下面四组输入形式中错误的是(　　)。

A. 11 12＜回车＞　B. 11，12＜回车＞　C. 11,12＜回车＞　D. 11,＜回车＞
12＜回车＞

19. 有以下程序段：

```
int m = 0,n = 0;char c = 'a';
scanf("%d%c%d",&m,&c,&n);
printf("%d,%c,%d\n",m,c,n);
```

若从键盘上输入 10A10 ＜回车＞，则输出结果是(　　)。

A. 10,A,10　B. 16,a,10　C. 10,a,0　D. 10,A,0

20. 执行语句"for(i=1;i++＜4;);"后，变量 i 的值是(　　)。

A. 3　B. 4　C. 5　D. 不定

21. 一个 C 程序的执行是从(　　)。

A. 本程序的 main 函数开始，到 main 函数结束

B. 本程序文件的第一个函数开始，到本程序文件的最后一个函数结束

C. 本程序的 main 函数开始，到本程序文件的最后一个函数结束

D. 本程序文件的第一个函数开始，到本程序 main 函数结束

22. 设 x、y 和 z 是 int 型变量，且 x=3,y=4,z=5，则下面表达式中值为 0 的是(　　)。

A. x&&y;　B. x＜=y;

C. x‖y+z&&y-z;　D. ！((x＜y)&&！z‖1);

23. 关于宏替换的叙述不正确的是(　　)。

A. 宏替换不占用运行时间　B. 宏名无类型

C. 宏替换只是字符串替换　D. 宏替换是在运行时进行的

24. 已知函数的调用形式"fread(buffer,size,count,fp);"，其中 buffer 代表的是(　　)。

A. 一个整型变量，代表要读入的数据项总数

B. 一个文件指针，指向要读的文件

C. 一个指针，指向要读入数据的存放地址

D. 一个存储区，存放要读的数据项

25. 在位运算中，操作数每左移一位，其结果相当于(　　)。

A. 操作数乘以 2　B. 操作数除以 2　C. 操作数除以 4　D. 操作数乘以 4

26. 数字字符 0 的 ASCII 值为 48，若有以下程序，程序运行后的输出结果是(　　)。

```
#include <stdio.h>
void main()
{
  char a = '1',b = '2';
  printf("%c,",b++);
  printf("%d\n",b-a);
}
```

A. 3,2　B. 50,2　C. 2,2　D. 2,50

27. 下面程序运行后的结果是(　　)。

```
#include <stdio.h>
```

```
void main()
{
    int m = 12,n = 34;
    printf("%d%d",m++,++n);
    printf("%d%d\n",n++,++m);
}
```

A. 12353514　　B. 12353513　　C. 12343514　　D. 12343513

28. 有定义“int k = 2; int * ptr1, * ptr2;”,且 ptr1 和 ptr2 均已指向变量 k,不能正确执行的语句是(　　)。

A. k= * ptr1+ * ptr2;　　B. ptr2=k;

C. ptr1=ptr2;　　D. k= * ptr1 * (* ptr2);

29. 若有定义“int i=2,a[10], * p=&a[i];”,则与表达式 * p++的值相等的是(　　)。

A. a[i++]　　B. a[i]++　　C. ++a[i]　　D. a[++i]

30. 有定义“int a=3,b=4,c=5;”,执行完表达式 a++>--b&&b++>c--&&++c 后,a、b、c 的值分别为(　　)。

A. 3 4 5　　B. 4 3 5　　C. 4 4 4　　D. 4 4 5

31. 已知“int x=1,y=2,z=0;”,则执行“z=x>y? 10:20;”后,z 的值为(　　)。

A. 10　　B. 20　　C. 1　　D. 2

32. 若已定义 x 和 y 为 double 类型,则表达式 x=2,y=x+10/4 的值是(　　)。

A. 2　　B. 4　　C. 4.0　　D. 4.5

33. 有定义语句“int b;char c[10];”,则正确的输入语句是(　　)。

A. scanf("%d%s",&b,&c);　　B. scanf("%d%s",&b, c);

C. scanf("%d%s",b,c);　　D. scanf("%d%s",b,&c);

34. 有以下程序,若想从键盘上输入数据,使变量 m 中的值为 123,n 中的值为 456,p 中的值为 789,则正确的输入是(　　)。

```
#include<stdio.h>
void main()
{
    int m,n,p;
    scanf("m = %dn = %dp = %d",&m,&n,&p);
    printf("%d%d%d\n",m,n,p);
}
```

A. m=123n=456p=789　　B. m=123 n=456 p=789

C. m=123,n=456,p=789　　D. 123 456 789

35. 已知 E 的 ASCII 码是 69,则执行“printf("%c",'E'-'8'+'5');”语句的结果是(　　)。

A. 66　　B. A　　C. B　　D. E

36. 设有定义“int m=1,n=-1;”,则执行语句“printf("%d\n",(m--&++n));”后的输出结果是(　　)。

A. -1　　B. 0　　C. 1　　D. 2

37. 程序运行后的结果是(　　)。

```
#include<stdio.h>
void main()
{
    int a,b,d=25;
    a=d/10%9;
    b=a&&(-1);
    printf("%d,%d\n",a,b);
}
```

A. 6,1　　B. 2,1　　C. 6,0　　D. 2,0

38. C语言源程序由预处理命令和(　　)组成。

A. 函数　　B. 语句　　C. 保留字　　D. 标识符

39. 下面程序段中,与if(x%2)中的x%2所表示条件等价的是(　　)。

```
scanf("%d",&x);
if(x%2) x++;
```

A. x%2==0　　B. x%2!=1　　C. x%2!=0　　D. x%2==1

40. 执行C语句序列"int a,b,c; a=b=c=1; ++a‖++b&&++c;"后,变量b的值是(　　)。

A. 错误　　B. 0　　C. 2　　D. 1

41. 设有C语句"int a[3][4];",则每次移动过a数组一行元素的指针变量定义形式是(　　)。

A. int *p;　　B. int **p;　　C. int (*p)[4];　　D. int *p[4];

42. 设有整型变量a,实型变量f,双精度型变量x,则表达式a/10+'b'+x*f值的类型为(　　)。

A. int　　B. float　　C. double　　D. 不能确定

43. C语言中规定,在函数的参数表中,用简单变量做实参时,它和对应形参之间的数据传递方式是(　　)。

A. 地址传递　　B. 单向值传递

C. 由实参传给形参,再由形参传回给实参　　D. 由用户指定传递方式

44. 以下程序的输出结果为(　　)。

```
#include<stdio.h>
void main()
{
    int i=0;
    for(;;)
        if(i++==5)break;
    printf("%d\n",i);
}
```

A. 0　　B. 5　　C. 6　　D. 前3个选项都错

45. 已知"char s[4] = "cba"; char *p;",执行语句序列"p=s;printf("%c\n",*p+1);"后,其输出为(　　)。

A. 'c'　　B. 'b'　　C. 'a'　　D. 'd'

46. 运行下面程序后的结果是(　　)。

```
#include <stdio.h>
void main()
{
    int a = 0;
    a += a = 12;
    printf ("%d\n",a);
}
```

A. 0　　B. 6　　C. 12　　D. 24

47. 已知"int x=1,y=2,z=0;",则执行 z=x>y? (10+x,10−x):(20+y,20−y)后,z 的值为(　　)。

A. 11　　B. 9　　C. 18　　D. 22

48. 以下程序的输出结果是(　　)。

```
#include <stdio.h>
int x = 3,y = 4;
void main( )
{
    int x = 0;
    x += y++;
    printf("%d",x);
}
```

A. 3　　B. 4　　C. 5　　D. 6

49. 有定义"int a[5][4], (*p)[4]=a;",则 *(*(p+2)+3)等于(　　)。

A. a[2][0]　　B. a[2][1]　　C. a[2][2]　　D. a[2][3]

50. 有定义"char * s="\t\"Name\\Address\"";",那么 strlen(s)等于(　　)。

A. 15　　B. 16　　C. 17　　D. 18

51. 有语句"struct T{int n; double x;}d, *p;",若要使 p 指向结构体变量中的成员 n,正确的赋值语句是(　　)。

A. p=&d.n　　B. *p=d.n

C. p=(struct T *)&d.n　　D. p=(struct T *)d.n

52. 设有语句"char a='\72';",则变量 a(　　)。

A. 包含一个字符　　B. 包含 2 个字符　　C. 包含 3 个字符　　D. 说明不合法

53. 执行以下语句后,c 的二进制值是(　　)(**注:左移<<的优先级高于异或^**)。

```
char a = 3,b = 6,c;
c = a ^ b << 2;
```

A. 00011011　　B. 00010100　　C. 00011100　　D. 00011000

54. 关于 C 语言中的循环语句,描述正确的是(　　)。

A. 不能使用 do-while 语句构成的循环

B. do-while 语句构成的循环必须用 break 语句才能退出

C. do-while 语句构成的循环,当 while 语句中的表达式值为非零时结束循环

D. do-while语句构成的循环，当while语句中的表达式值为零时结束循环

55. 设有说明“int(*ptr)[m];”，其中的标识符ptr是(　　)。

A. M个指向整型变量的指针

B. 具有M个指针元素的一维指针数组，每个元素都只能指向整型变量

C. 一个指向具有M个整型元素的一维数组的指针

D. 指向M个整型变量的函数指针

56. 语句“while(! E);”中的条件! E等价于(　　)。

A. E==0　　B. E!=1　　C. E!=0　　D. ~E

57. sizeof(double)是(　　)。

A. 一种函数调用　　B. 一个双精度型表达式

C. 一个整型表达式　　D. 一个不合法表达式

58. 以下函数调用语句中含有(　　)个实参。

```
func((exp1,exp2),(exp3,exp4,exp5));
```

A. 1　　B. 2　　C. 4　　D. 5

59. 设有“int a[10]={0,1,2,3,4,5,6,7,8,9},*p=a;”，则(　　)不是对a数组元素的正确引用，其中0<=i<10。

A. a[p-a]　　B. *(&a[i])　　C. p[i]　　D. *(*(a+i))

60. 下面程序中(　　)有错误(每行程序前面的数字是行号)。

```
1 #include<stdio.h>
2 void main()
3 {
4    float a[3]={0,0};
5    int i;
6    for(i=0;i<3;i++)scanf("%d",&a[i]);
7    for(i=1;i<3;i++)a[0]=a[0]+a[i];
8    printf("%f\n",a[0]);
9 }
```

A. 没有　　B. 第4行　　C. 第6行　　D. 第8行

注：输入函数scanf()中的格式串有误，因输入浮点数，应为：

```
for(i=0;i<3;i++)scanf("%f",&a[i]);
```

61. C语言中形参的默认存储类别是(　　)。

A. 自动(auto)　　B. 静态(static)　　C. 寄存器(register)　　D. 外部(extern)

62. 设有以下语句，(　　)不是对字符串的正确引用，其中0≤k<4。

```
char str[4][12]={"aaa","bbbb","ccccc","dddddd"},*strp[4];
int i;
for(i=0;i<4;i++)strp[i]=str[i];
```

A. strp　　B. str[k]　　C. strp[k]　　D. *strp

63. 有语句“char str1[]="string",str2[8],*str3,*str4="string";”，则(　　)不是对库函数strcpy的正确调用，此库函数用于复制字符串(注：所给语句中，指针str3没有分

配存储空间)。

A. strcpy(str1, "HELLO1");　　B. strcpy(STR2, "HELLO2");
C. strcpy(str3, "HELLO3");　　D. strcpy(str4, "HELLO4");

64. 下列各组符号中,(　　)组符号可用作C语言用户标识符。

A. void	B. a3_b3	C. For	D. 2a
define	_123	-abc	DO
WORD	IF	Ccae	sizeof

65. 设 int a=12,则执行语句"a+=a-=a*a;"后,a的值是(　　)。

A. 552　　B. 264　　C. 144　　D. −264

66. C语言程序的基本单位是(　　)。

A. 程序行　　B. 语句　　C. 函数　　D. 字符

67. 下列各项中,合法的C语言语句是(　　)。

A. a=b=58　　B. i++;　　C. a=58,b=58　　D. k=int(a+b);

68. 设有函数如下,则函数的类型是(　　)。

```
ggg(float x)
{
    printf("\n%d",x*x);
}
```

A. 与参数x的类型相同　　B. 是void
C. 是int　　D. 无法确定

69. 有如下枚举类型定义,则枚举量Fortran的值为(　　)。

```
enum language{Basic = 3,Assembly,Ada = 100,COBOL,Fortran);
```

A. 4　　B. 7　　C. 102　　D. 103

70. 执行下面的程序段后,*(ptr+5)的值为(　　)。

```
char str[] = "Hello";
char *ptr;
ptr = str;
```

A. 'o'　　B. '\0'　　C. 不确定　　D. 'o'的地址

71. 在宏定义#define PI 3.14159中,用宏名PI代替一个(　　)。

A. 单精度数　　B. 双精度数　　C. 常量　　D. 字符串

72. 字符(char)型数据在微机内存中存储的形式是(　　)。

A. 反码　　B. 补码　　C. BCD码　　D. ASCII码

73. C语言规定,程序中各函数之间(　　)。

A. 既允许直接递归调用也允许间接递归调用
B. 不允许直接递归调用也不允许间接递归调用
C. 允许直接递归调用不允许间接递归调用
D. 不允许直接递归调用允许间接递归调用

74. 假设a、b、c均被定义成整型,且已赋大于1的值,则下列能正确表示代数式

$\frac{1}{a\times b\times c}$的表达式是(　　)。

A. 1/a * b * c　　B. 1/(a * b * c)　　C. 1/a/b/(float)c　　D. 1.0/a/b/c

75. 若 x 是整型变量,pb 是类型为整型的指针变量,则正确的赋值表达式是(　　)。

A. pb=&x;　　B. pb=x;　　C. * pb=&x;　　D. * pb= * x;

76. 设 a=5,b=6,c=7,d=8,m=2,n=2,执行"(m=a>b)&&(n=c>d);"后 n 的值为(　　)。

A. 1　　B. 2　　C. 3　　D. 4

77. 标准函数 fgets(s,n,f)的功能是(　　)。

A. 从文件 f 中读取长度为 n 的字符串存入指针 s 所指的内存

B. 从文件 f 中读取长度不超过 n−1 的字符串存入指针 s 所指的内存

C. 从文件 f 中读取 n 个字符串存入指针 s 所指的内存

D. 从文件 f 中读取长度为 n−1 的字符串存入指针 s 所指的内存

78. 有以下说明语句,(　　)是对 c 数组元素的正确引用。

```
int c[4][5],( * cp)[5];
cp = c;
```

A. cp+1　　B. * (cp+3)　　C. * (cp+1)+3　　D. * (* cp+2)

79. 下面语句中符合 C 语言语法的语句是(　　)。

A. a=7+b+c=a+7;　　B. a=7+b++=a+7;

C. a=7+b,b++,a+7　　D. a=a+b,c=a+7;

80. 在 C 语言中,要求运算数必须是整型的运算符是(　　)。

A. %　　B. /　　C. <　　D. !

81. 下面各语句行中,能正确为行赋字符串操作的语句行是(　　)。

A. char st[4][5]={"ABCDE"};　　B. char s[5]={'A','B','C','D','E'};

C. char * s;s="ABCDE";　　D. char * s;scanf("%s",s);

注:A. 串的字符过多;B. 是字符数组但不构成字符串;D. s 没有分配存储空间

82. 若 fp 是指向某文件的指针,且已读到该文件的末尾,则 C 语言函数 feof(fp)的返回值是(　　)。

A. EOF　　B. −1　　C. 非零值　　D. NULL

83. 根据下面的定义,能打印出字母 M 的语句是(　　)。

```
struct person{char name[9];int age;};
struct person class1[10] = {"John",17,"Paul",19,"Mary",18,"Adam",16};
```

A. printf("%c\n",class1[3].name);　　B. printf("%c\n",class1[3].name[1]);

C. printf("%c\n",class1[2].name[1]);　　D. printf("%c\n",class1[2].name[0]);

84. 有下面定义,则下列能够正确表示数组元素 a[1][2]的表达式是(　　)。

```
int a[4][3] = {1,2,3,4,5,6,7,8,9,10,11,12};
int ( * prt)[3] = a, * p = a[0];
```

A. ＊((＊prt＋1)[2])　　　　B. ＊(＊(p＋5))

C. (＊prt＋1)＋2　　　　D. ＊(＊(a＋1)＋2)

85. 以下程序的输出结果是(　　)。

```
# include< stdio.h>
# include< math.h>
void main()
{
    int a = 1,b = 4,c = 2;
    double x = 10.5,y = 4.0,z;
    z = (a + b)/c + sqrt(y) * 1.2/c + x;
    printf(" % f\n",z);
}
```

A. 14.000000　　B. 15.400000　　C. 13.700000　　D. 14.900000

86. 以下程序的输出结果是(　　)。

```
# include< stdio.h>
# include< string.h>
void main()
{
    char str[12] = {'s','t','r','i','n','g'};
    printf(" % d\n",strlen(str));
}
```

A. 6　　B. 7　　C. 11　　D. 12

87. 以下程序的输出结果是(　　)。

```
# include< stdio.h>
void main()
{
    int a = 2,b = 5;
    printf("a = % % d,b = % % d\n",a,b);
}
```

A. a＝%2,b＝%5　　　　B. a＝2,b＝5

C. a＝%%d,b＝%%d　　　　D. a＝%d,b＝%d

88. 以下程序的输出结果是(　　)。

```
# include< stdio.h>
void main()
{
    int a,b,c,d = 241;
    a = d/100 % 9;
    b = ( - 1)&&( - 1);
    c = ( - 1)&( - 1);
    printf(" % d, % d, % d\n",a,b,c);
}
```

A. 6,1,－1　　B. 2,1,－1　　C. 6,0,1　　D. 2,0,－1

89. 如果程序中的变量都是 int 类型,则程序运行的结果是(　　)。

```
#include<stdio.h>
void main()
{
    int sum,pad,pAd;
    sum = pad = 5;
    pAd = sum++,pAd++,++pAd;
    printf("%d\n",pAd);
}
```

A. 7　　B. 6　　C. 5　　D. 8

90. 以下程序的输出结果是(　　)。

```
#include<stdio.h>
void main()
{
    int i = 010,j = 10;
    printf("%d,%d\n",++i,j--);
}
```

A. 11,10　　B. 9,10　　C. 010,9　　D. 10,9

91. 已知在 ASCII 代码中,字母 A 的序号为 65,以下程序输出的结果是(　　)。

```
#include<stdio.h>
void main()
{
    char c1 = 'A',c2 = 'D';
    printf("%d %d\n",c1,c2);
}
```

A. 输出格式不合法,报错　　B. 65,68

C. A,D　　D. 65,67

92. 以下程序的输出结果是(　　)。

```
#include<stdio.h>
void main()
{
    printf("%d\n",NULL);
}
```

A. 不确定的(因变量无定义)　　B. 0

C. －1　　D. 1

93. 运行下面程序时,输入方框中的三行数据(每行输入都是从第一列开始,<CR>代表一个回车符),则输出结果是(　　)。**注意**:回车符也作为一个字符,被 getchar()函数读取,并存入数组元素中。

```
#include<stdio.h>
#define N 6
void main()
{
    char c[N];int i=0;
    for(;i<N;c[i]=getchar(),i++);
    for(i=0;i<N;putchar(c[i]),i++);
    putchar('\n');
}
```

```
a<CR>
b<CR>
cdef<CR>
```

A.
abcdef
b
c
d
e
f

B.
a
b
cd

C.
a
b
cdef

D.
a

94. 运行下面程序的结果是(　　)。

```
#include<stdio.h>
void main()
{
    int i;
    for(i=1;i<=5;i++)
    {
        if(i%2)
            printf("*");
        else
            continue;
        printf("#");
    }
    printf("$\n");
}
```

A. *#*#*#$　B. #*#*#*$　C. *#*#$　D. #*#*$

95. 运行下面程序的结果是(　　)。

```
#include<stdio.h>
void main()
{
    int x=23;
    do
    {
        printf("%2d",x--);
    }
    while(!x);
}
```

A. 321　B. 23　C. 无输出　D. 陷入死循环

96. 运行下面程序的结果是(　　)。

```
#include<stdio.h>
#include<string.h>
void main()
{
    printf("%d\n",strlen("\t\"\065\xff\n"));
}
```

A. 5　　B. 14　　C. 8　　D. 不

97. 运行下面程序后,变量 ab 的值为(　　)。

```
#include<stdio.h>
void main()
{
    int *var,ab;
    ab=100;
    var=&ab;
    ab= *var+10;
    printf("%d\n",ab);
}
```

A. 120　　B. 110　　C. 100　　D. 90

98. 下面程序给数组中所有元素输入数据,正确的选项是(　　)。

```
#include<stdio.h>
void main()
{
    int a[10],i=0;
    while(i<10)
        scanf("%d",__________);

}
```

A. a+(i++)　　B. &a[i+1]　　C. a+i　　D. &a[++i]

99. 运行下面程序的结果是(　　)。

```
#include<stdio.h>
int main()
{
    int **k, *j,i=100;
    j=&i;k=&j;
    printf("%d\n",**k);
    return 0;
}
```

A. 运行错误　　B. 100　　C. i 的地址　　D. j 的地址

100. 下面函数的功能是(　　)。

```
int sss(char *s,char *t)
{
    while((*s)&&(*t)&&(*t++ == *s++));
```

```
    return( * s - * t);
}
```

A. 求字符串的长度
B. 比较两个字符串的大小
C. 将字符串 s 复制到字符串 t 中
D. 将字符串 s 连接到字符串 t 之后

101. 运行下面程序的结果是(　　)。

```
#include < stdio.h >
void sub(int x, int y, int * z)
{   * z = x - y;}
int main()
{
    int a,b,c;
    sub(10,5,&a);
    sub(7,a,&b);
    sub(a,b,&c);
    printf(" %d %d %d\n",a,b,c);
    return 0;
}
```

A. −5 −12 −7　　B. 5 −2 −7　　C. −5 12 −17　　D. 5 2 3

102. 运行下面程序的结果是(　　)。

```
#include < stdio.h >
int f(int a, int b)
{
    int c;
    if(a > b)
        c = 1;
    else
        if(a == b)
            c = 0;
        else
            c =- 1;
    return c;
}
void main()
{
    int i = 2, p;
    p = f(i, i + 1);
    printf(" %d\n", p);
}
```

A. −1　　B. 0　　C. 1　　D. 2

103. 运行下面程序的结果是(　　)。

```
#include < stdio.h >
#define MIN(x,y) (x)<(y)?(x):(y)
void main()
{
    int i,j,k;
```

```
    i = 10;j = 15;
    k = 10 * MIN(i,j);
    printf(" %d\n",k);
}
```

A. 15　　B. 100　　C. 10　　D. 150

104. 运行下面程序时，输入方框中数据，则结果是(　　)。

```
#include <stdio.h>
void main()
{
    char s1[10],s2[10],s3[10],s4[10];
    scanf(" %s %s",s1,s2);
    gets(s3);
    gets(s4);
    puts(s1);
    puts(s2);
    puts(s3);
    puts(s4);
}
```

(此处<CR>代表回车符)
aaaa bbbb<CR>
cccc dddd<CR>

A.	B.	C.	D.
aaaa	aaaa	aaaa	aaaa
bbbb	bbbb	bbbb	bbbb
cccc	cccc	dddd	cccc dddd
cccc	dddd	dddd	

105. 运行下面程序的结果是(　　)。

```
#include <stdio.h>
fun(int *s,int n1,int n2)
{
    int i,j,t;
    i = n1;j = n2;
    while(i < j)
    {
        t = *(s + i);
        *(s + i) = *(s + j);
        *(s + j) = t;
        i++;j--;
    }
}
void main()
{
    int a[10] = {1,2,3,4,5,6,7,8,9,0},i, *p = a;
    fun(p,0,3);
    fun(p,4,9);
    fun(p,0,9);
    for(i = 0;i < 10;i++)
        printf(" %d", *(a + i));
    printf("\n");
}
```

A. 0 9 8 7 6 5 4 3 2 1　　B. 4 3 2 1 0 9 8 7 6 5

C. 5 6 7 8 9 0 1 2 3 4　　D. 0 9 8 7 6 5 1 2 3 4

106. 运行下面程序的结果是(　　)。

```
#include<stdio.h>
void sub(int *,int *);
void main()
{
    int a[]={1,2,3,4},i;
    int x=0;
    for(i=0;i<4;i++)
    {
        sub(a,&x);
        printf("%d",x);
    }
        printf("\n");
}
void sub(int *s,int* y)
{
    static int t=3;
    *y=s[t];t--;
}
```

A. 1 2 3 4　　B. 4 3 2 1　　C. 0 0 0 0　　D. 4 4 4 4

107. 运行下面程序的结果是(　　)。

```
#include<stdio.h>
struct st
{
    int x;
    int *y;
}*p;
int dt[4]={10,20,30,40};
struct st aa[4]={50,&dt[0],60,&dt[1],70,&dt[2],80,&dt[3]};
void main()
{
    p=aa;
    printf("%d\n",++p->x);
    printf("%d\n",(++p)->x);
    printf("%d\n",++(*p->y));
}
```

A. 10
20
20　　B. 50
60
21　　C. 51
60
21　　D. 60
70
31

108. 已知字母A的ASCII码为十进制的65,运行下面程序的结果是(　　)。

```
#include<stdio.h>
void main()
{
```

```
    char ch1,ch2;
    ch1 = 'A' + '5' - '3';
    ch2 = 'A' + '6' - '3';
    printf(" %d, %c\n",ch1,ch2);
}
```

A. 67,D　　B. B,C　　C. C,D　　D. 不确定的值

109. 运行下面程序的结果是(　　)。

```
#include<stdio.h>
void main()
{
    int x = 10,y = 3;
    printf(" %d\n",y = x/y);
}
```

A. 0　　B. 1　　C. 3　　D. 不确定的值

110. 若执行下面程序时从键盘上输入 3 和 4,则输出结果是(　　)。

```
#include<stdio.h>
void main()
{
    int a,b,s;
    scanf(" %d %d",&a,&b);
    s = a;
    if(a<b)s = b;
    s = s * s;
    printf(" %d\n",s);
}
```

A. 9　　B. 16　　C. 18　　D. 18

111. 下面程序(　　)。

```
#include<stdio.h>
void main()
{
    int x = 3,y = 0,z = 0;
    if(x = y + z)
        printf(" **** ");
    else
        printf("####");
}
```

A. 有语法错误　　B. 输出"****"

C. 可通过编译但不能运行　　D. 输出"####"

112. 运行下面程序后,(　　)。

```
#include<stdio.h>
void main()
{
    int x = 3;
```

```
    do
    {
        printf("%d\n",x-=2);
    }while(!(--x));
}
```

A. 输出的是 1　　B. 输出的是 1 和－2　　C. 输出的是 3 和 0　　D. 产生死循环

113. 运行下面程序的结果是(　　)。

```
#include<stdio.h>
void main()
{
    int x=023;
    printf("%d\n",--x);
}
```

A. 17　　B. 18　　C. 23　　D. 24

114. 运行下面程序时,若从键盘上输入 5,则输出结果是(　　)。

```
#include<stdio.h>
void main()
{
    int x;
    scanf("%d",&x);
    if(x++>5)
        printf("%d\n",x);
    else
        printf("%d\n",x--);
}
```

A. 7　　B. 6　　C. 5　　D. 4

115. 运行下面程序的结果是(　　)。

```
#include<stdio.h>
void main()
{
    int a[10]={1,2,3,4,5,6,7,8,9,10},*p=a;
    printf("%d\n",*(p+2));
}
```

A. 3　　B. 4　　C. 1　　D. 2

116. 运行下面程序的结果是(　　)。

```
#include<stdio.h>
void main()
{
    int a;
    printf("%d\n",(a=3*5,a*4,a+5));
}
```

A. 65　　B. 20　　C. 15　　D. 10

117. 运行下面程序的结果是(　　)。

```
#include< stdio.h>
void main()
{
    enum team{my,your = 4,his,her = his + 10};
    printf(" %d %d %d %d\n",my,your,his,her);
}
```

A. 0 1 2 3　　B. 0 4 0 10　　C. 0 4 5 15　　D. 1 4 5 15

118. 运行下面程序的结果是(　　)。

```
#include< stdio.h>
void main()
{
    int a=-1,b=4,k;
    k=(a++<=0)&&(!(b--<=0));
    printf(" %d %d %d\n",k,a,b);
}
```

A. 0 0 3　　B. 0 1 2　　C. 1 0 3　　D. 1 1 2

119. 运行下面程序的结果是(　　)。

```
#include< stdio.h>
void main()
{
    int x = 100,a = 10,b = 20,ok1 = 5,ok2 = 0;
    if(a<b)
        if(b!= 15)
            if(!ok1)
                x = 1;
            else
                if(ok2)
                    x = 10;
    x=-1;
    printf(" %d\n",x);
}
```

A. −1　　B. 0　　C. 1　　D. 不确定的值

120. 运行下面程序的结果是(　　)。

```
#include< stdio.h>
#include< string.h>
void main()
{
    char p1[10] = "abc", *p2 = "ABC",str[50] = "xyz";
    strcpy(str+2,strcat(p1,p2));
    printf(" %s\n",str);
}
```

A. xyzabcABC　　B. zabcABC　　C. yzabcABC　　D. xyabcABC

121. 运行下面程序的结果是（　　）。

```
#include <stdio.h>
void main()
{
    int y = 9;
    for(;y > 0;y -- )
    {
        if(y % 3 == 0)
            printf(" %d", -- y);
    }
}
```

A. 741　　B. 852　　C. 963　　D. 875421

122. 运行下面程序的结果是（　　）。

```
#include <stdio.h>
void main()
{
    char x = 040;
    printf(" %d\n",x = x << 1);
}
```

A. 100　　B. 160　　C. 120　　D. 64

123. 运行下面程序的结果是（　　）。

```
#include <stdio.h>
void main()
{
    struct cmplx{int x;int y;}cnum[2] = {1,3,2,7};
    printf(" %d\n",cnum[0].y/cnum[0].x * cnum[1].x);
}
```

A. 0　　B. 1　　C. 3　　D. 6

124. 运行下面程序的结果是（　　）。

```
#include <stdio.h>
int aa[3][3] = {{2},{4},{6}};
void main()
{
    int i, * p = &aa[0][0];
    for(i = 0;i < 2;i++)
    {
        if(i == 0)
            aa[i][i + 1] = * p + 1;
        else
            ++p;
        printf(" %d", * p);
    }
}
```

A. 23　　B. 26　　C. 33　　D. 36

125. 运行下面程序的结果是(　　)。

```
#include<stdio.h>
void prtv(int *x)
{
    printf("%d\n",++*x);
}
void main()
{
    int a=25;
    prtv(&a);
}
```

A. 23　　B. 24　　C. 25　　D. 26

126. 运行下面程序的结果是(　　)。

```
#include<stdio.h>
int fun3(int x)
{
    static int a=3;
    a+=x;
    return(a);
}
void main()
{
    int k=2,m=1,n;
    n=fun3(k);
    n=fun3(m);
    printf("%d\n",n);
}
```

A. 3　　B. 4　　C. 6　　D. 9

127. 已知字符0的ASCII码为十六进制的0x30,运行下面程序的结果是(　　)。

```
#include<stdio.h>
void main()
{
    union{unsigned char c;unsigned int i[4];}z;
    z.i[0]=0x39;
    z.i[1]=0x36;
    printf("%c\n",z.c);
}
```

A. 6　　B. 9　　C. 0　　D. 3

128. 运行下面程序的结果是(　　)。

```
#include<stdio.h>
void main()
{
    int a[3][4]={1,3,5,7,9,11,13,15,17,19,21,23};
    int(*p)[4]=a,i,j,k=0;
```

```
    for(i = 0;i < 3;i++)
        for(j = 0;j < 2;j++)
            k = k + *( *(p + i) + j);
    printf("%d\n",k);
}
```

A. 60　　B. 68　　C. 99　　D. 108

129. 运行下面程序的结果是(　　)。

```
#include <stdio.h>
int m = 13;
int fun2(int x,int y)
{
    int m = 3;
    return(x * y - m);
}
void main()
{
    int a = 7,b = 5;
    printf("%d\n",fun2(a,b)/m);
}
```

A. 1　　B. 2　　C. 7　　D. 10

130. 运行下面程序的结果是(　　)。

```
#include <stdio.h>
typedef union{long x[2];int y[4];char z[8];}MYTYPE;
MYTYPE them;
void main()
{
    printf("%d\n",sizeof(them));
}
```

A. 32　　B. 16　　C. 8　　D. 24

131. 运行下面程序的结果是(　　)。

```
#include <stdio.h>
char s[] = "ABCD";
void main()
{
    char *p;
    for(p = s;p < s + 4;p++)
        printf("%s\n",p);
}
```

A.	B.	C.	D.
ABCD	A	D	ABCD
BCD	B	C	ABC
CD	C	B	AB
D	D	A	A

132. 运行下面的程序的结果是(　　)。

```
#include<stdio.h>
void main()
{
    char a[] = "abcdefg", *p = a;
    long *q = (long *)p;
    q++;
    p = (char *)q;
    printf("%c\n", *p);
}
```

A. b　　B. c　　C. d　　D. e

133. 运行下面程序后，a 的值是(　　)。

```
#include<stdio.h>
#define SQR(X) X*X
void main()
{
    int a = 10,k = 2,m = 1;
    a/= SQR(k + m)/SQR(k + m);
    printf("%d\n",a);
}
```

注：对于“a/=SQR(k+m)/SQR(k+m);”一定要先替换后计算，先替换为“a/=k+m*k+m/k+m*k+m→a/=7”。

A. 10　　B. 1　　C. 9　　D. 0

134. 运行下面程序后的结果是(　　)。

```
#include<stdio.h>
int f(int a)
{
    int b = 0;
    static c = 3;
    a = c++,b++;
    return a;                              //注意返回与参数 a 的值无关
}
void main()
{
    int a = 2,i,k;
    for(i = 0;i<2;i++)k = f(a++);          //k 的值仅取决于函数第二次调用的返回值
    printf("%d\n",k);
}
```

A. 3　　B. 0　　C. 5　　D. 4

135. 运行下面程序的结果是(　　)。

```
#include<stdio.h>
void main()
{
    int a[5] = {2,4,6,8,10}, *p, **k;
    p = a;k = &p;
    printf("%d", *(p++));
```

```
    printf("%d\n", **k);
}
```

A. 44　　B. 22　　C. 24　　D. 46

136. 运行下面程序的结果是(　　)。

```
#include<stdio.h>
void main()
{
    int n[3],i,j,k;
    for(i=0;i<3;i++)n[i]=0;
    k=2;
    for(i=0;i<k;i++)
        for(j=0;j<k;j++)
            n[j]=n[i]+1;
    printf("%d\n",n[1]);
}
```

A. 2　　B. 1　　C. 0　　D. 3

137. 字符'0'的ASCII码的十进制数为48,且数组的第0个元素在低位,则以下程序的输出结果是(　　)。

```
#include<stdio.h>
void main()
{
    union{short i[2];long k; char c[4];}r, *s=&r;
    s->i[0]=0x39;
    s->i[1]=0x38;
    printf("%c\n",s->c[0]);
}
```

A. 39　　B. 9　　C. 38　　D. 8

138. 运行下面程序后,y的值是(　　)。

```
#include<stdio.h>
void main()
{
    int a[]={2,4,6,8,10};
    int y=1,x, *p;
    p=&a[1];
    for(x=0;x<3;x++)
        y+= *(p+x);
    printf("%d\n",y);
}
```

A. 17　　B. 18　　C. 19　　D. 20

139. 运行下面程序后的结果是(　　)。

```
#include<stdio.h>
int d=1;
void fun(int q)
```

```
{
    int d = 5;
    d += q++;
    printf(" %d",d);
}
void main()
{
    int a = 3;
    fun(a);
    d += a++;
    printf(" %d\n",d);
}
```

A. 84　　　　B. 96　　　　C. 94　　　　D. 85

140. 运行下面程序后的结果是(　　)。

```
#include <stdio.h>
void main()
{
    char ch[2][5] = {"6934","8254"}, *p[2];
    int i,j,s = 0;
    for(i = 0;i < 2;i++)
        p[i] = ch[i];
    for(i = 0;i < 2;i++)
        for(j = 0;p[i][j]>'\0' && p[i][j]<= '9';j += 2)
            s = 10 * s + p[i][j] - '0';
    printf(" %d\n",s);
}
```

A. 6385　　　　B. 69825　　　　C. 63825　　　　D. 693825

141. 运行下面程序后的结果是(　　)。

```
#include <stdio.h>
#include <stdlib.h>
void fut(int **s,int p[2][3])
{
    **s = p[1][1];
}
void main()
{
    int a[2][3] = {1,3,5,7,9,11}, *p;
    p = (int *)malloc(sizeof(int));
    fut(&p,a);
    printf(" %d\n", *p);
}
```

A. 1　　　　B. 7　　　　C. 9　　　　D. 11

142. 运行下面程序后的结果是(　　)。

```
#include <stdio.h>
#include <string.h>
```

```
#include<ctype.h>
void space(char * str)
{
    int i,t;
    char ts[81];
    for(i=0,t=0;str[i]!='\0';i+=2)
        if(!isspace(*(str+i)) && (*(str+i)!='a'))
            ts[t++]=toupper(str[i]);
    ts[t]='\0';
    strcpy(str,ts);
}
void main()
{
    char s[81]="a b c d e f g";
    space(s);
    puts(s);
}
```

A. abcdeg　　B. bcde　　C. ABCDE　　D. BCDEFG

143. 设a、b、c为整数,且a=2,b=3,c=4,则执行完语句“a*=16+(b++)-(++c);”后,a的值是(　　)。

(上述语句等价于语句a=a*(16+(b++)-(++c));)

A. 28　　B. 29　　C. 30　　D. 31

二、基本概念选择填空题(请在提供的备选项中选择正确答案填空)

1.

备选项

A. 30　　B. 4　　C. 21

D. n/2　　E. continue　　F. 29

G. n-1　　H. exit　　I. 指向函数的指针变量

J. 4.5　　K. break　　L. 返回指针的函数名

若已定义x、y为int类型,则表达式(x=2,y=x+5.0/2)的值是___①___。

在循环结构中,___②___语句可以提前退出循环结构的执行。

有“int a[]={10,20,30},*p=&a[1];”,则表达式++*p--执行的结果是___③___。

设有n个元素,在其中顺序查找某个元素的平均比较次数约为___④___。

在说明语句“int (*fun)();”中,标识符fun代表的是___⑤___。

2.

备选项

A. 空格　　B. '\0'　　C. '\n'

D. 在其之前未配对的if　　E. 参数字符串

F. 命令行参数的个数　　G. 6

H. 在其之前最近的未配对的if　　I. 3

J. FILE　　K. EOF　　L. 命令行参数的字符数

函数main(int argc,char *argv[])中argc表示的是___①___。

在C语言中，没有字符串变量，只有字符变量，字符串都存储在以___②___为结束符的字符数组中。

一个函数调用语句为“fun((e1,e2,e3),(e4,e5),e6);”，其实参个数为___③___。

为了避免嵌套的if-else语句的二义性，C语言规定else总是与___④___组成配对关系。

当程序打开一个文件时，系统就要在内存中建立一个与该文件对应的___⑤___结构体变量，存储该文件的有关信息。

3.

备选项

A. void	B. x=x*x+b	C. continue	D. x=x*(x+b)
E. break		F. 定义结构体成员	
G. 定义结构体类型变量		H. 定义联合体类型变量	
I. 0	J. 非0	K. main	L. goto

C语言源程序由预处理命令和函数组成，无论有多少个函数，只能有一个主函数，其函数名是___①___。

表达式x*=x+b等价于表达式___②___。

C中___③___语句是一条限定转移语句，其功能为提前结束本次循环体的执行而直接进入下一次循环。

结构体数据类型仍然是一类变量的抽象形式，系统不会为数据类型分配存储空间。要使用结构体类型数据，必须要___④___。

调用feof来判断文件是否结束，如果已经读到结束则其返回值是：___⑤___。

三、程序填空题

1. 程序实现求“水仙花数”功能。“水仙花数”是指一个三位数，其各位数字的立方和等于它本身，如$153=1^3+5^3+3^3$，则153是“水仙花数”。

```
#include <stdio.h>
void main()
{    int i,j,k,n;
     for(n = 100;n <= 999;n++)
     {    i = n/100;
          j = ____①____;
          k = n % 10;
          if(n == i * i * i + j * j * j + k * k * k)
               printf("____②____\n",n);
     }
}
```

2. 从整数1到99之间选出能被3整除、且含有数码5的那些数存放到数组a中，输出满足条件整数的个数。

```
#include <stdio.h>
#define N 50
void main()
{     int a[N] = {0},k,i = 0,a1,a2;
```

```
    for(k = 10;k < = 99;k++)
    {    a1 = k/10;
         a2 = k % 10;
         if(______①______)
         {    ______②______;
              i++;
         }
    }
    printf("numbers is % d\n",i);
}
```

3. 以下程序的功能是从键盘上输入一行字符,将其中的小写字母转换为大写字母。

```
# include "stdio.h"
main()
{char c;
while ((c = ______①______)!= '\n')
if (c> = 'a' ___②_____ c< = 'z')
{ c = c - 32;  printf(" % c",c); }
}
```

4. 下面程序的功能是输出数组中的各字符串,请填空完成程序。

```
# include < stdio.h >
 void main()
 { char * a[ ] = {"abcd","12345","efghijk","67890"};
  char ___①_____ ;
  int j = 0;
  p = a;
  for(;j < 4;j++)
   puts(____②_____);
 }
```

5. 下列函数是用于求 n 个学生成绩的平均分、最低分和最高分。可通过调用该函数返回到调用函数。

```
float average(float array[ ],int n, ______①______)
{int i;
 float sum;
 sum = array[0];
 ____②_____;
 for(i = 1;i < n;i++)
   {if(array[i]> * max) * max = array[i];
    if(array[i]< * min) * min = array[i];
    sum = sum + array[i];
    }
 return(____③_____);
}
```

6. 程序的功能是:输入若干个学生的成绩,统计计算出平均成绩。

```
# include < stdio.h >
```

```
void main()
{
    float sum = 0.0,ave,a;
    int n = 0;
    printf("Enter mark\n");
    scanf("%f",&a);
    while(a >= 0.0)
    {
        sum = sum + a;
        _____①_____;
        scanf("%f",&a);
    }
    ave = sum/n;
    printf("ave = %f\n", ___②___);
}
```

7. 下面程序的功能是将一个字符串 str 的内容颠倒过来。

```
#include <stdio.h>
void main()
{
    char str[] = {"abcdefg"};
    char *p1, *p2,ch;
    p1 = str;
    p2 = str;
    while(*p2!= '\0')p2++;
    _____①_____;
    while(p1 < p2)
    {
        ch = *p1; *p1 = *p2; *p2 = ch;
        ____②____;
        p2 --;
    }
    puts(str);
}
```

8. 以下程序中,fun 函数的功能是求 m 行 4 列二维数组每行元素中的最大值。

```
#include <stdio.h>
int fun(int, int, int(*)[4]);
void main()
{
    int a[3][4] = {{12,41,36,28},{19,33,15,27},{3,27,19,1}},i;
    for(i = 0;i < 3;i++)printf("%4d",fun( ___①___ ));
    printf("\n");
}
int fun(int m, int n, int a[][4])
{
    int j,x;
    x = a[m][0];
    for(j = 0;j < n;j++)if( ____②____ ) x = a[m][j];
    return x;
```

```
}
```

9. 在数组 table 中查找 x，若数中存在 x 程序输出数组中第一个等于 x 的数组元素的下标，否则输出－1。

```
#include <stdio.h>
int table[10] = {12,34,54,23,45,33,78,87,59,97},x;
int lookup(int t[],int key,int n)
{
    int k;
    for(k = 0;k < n;k++)
        if(t[k] == key) ____①____;
    if(____②____)k =- 1;
    return k;
}
void main()
{
    scanf("%d",&x);
    printf("x_location: %d\n",lookup(table,x,10));
}
```

10. 下列函数 insert 实现在一维数组 v 中插入一个元素 x，且要求将该元素插入到下标为 i 位置，数组原有下标为 i 及以后的元素都将向后移动一个元素的位置，i>=0。如果 i 大于等于元素的个数，则 x 插到数组的末尾。原有的元素个数存放在指针 n 所指向的变量中，插入后元素个数加 1。主函数验证了该函数的功能。

```
#include <stdio.h>
void insert(int v[],int *n,int x,int i);
void main()
{
    int a[20] = {1,2,3,4,5,6,7};
    int key = 11;
    int n = 7, *p = &n;
    insert(a,p,key,14);
    for(key = 0;key < *p;key++)printf("%d ",a[key]);
    putchar('\n');
    printf("%d\n",n);
}
void insert(int v[],int *n,int x,int i)
{
    int j;
    if(____①____)
    for(j = *n - 1;j >= i; ____②____)
        ____③____ = v[j];
    else
        i = *n;
    v[i] = x;
    (*n)++;
}
```

11. 程序的功能是：统计输入的字符串中小写字母的个数(以回车结束一个字符串的输入)。

```
#include< stdio.h>
main()
{
  char c;
  int num = 0;
  while((c = getchar())!= ______①______)
  { if(c<'a' || c>'z') continue;
  ______②______
  }
  printf("%d\n",num);
}
```

12. 下面程序的功能是输出数组中的各字符串,请填空完成程序。

```
#include< stdio.h>
void main()
{
    char * a[] = {"abcd","12345","efghijk","67890"};
    int j = 0;
    for(;____①____;j++)puts(____②____);
}
```

13. 下面程序用于计算 1+(1+2)+(1+2+3)+…+(1+2+3+…+10),请完成程序。

```
#include< stdio.h>
void main()
{
    int total,sum,m,n;
    total = 0;
    for(m = 1;m <= 10;m++)
    {
        sum = 0;
        for(n = 1; ____①____;n++)sum = sum + n;
        ____②____;
    }
    printf("total = %d\n",total);
}
```

14. 函数 fun 的功能是判断一个 3 位整数的个位数字和百位数字之和是否等于其十位上的数字,是则返回"yes!",否则返回"no!"。

```
#include< stdio.h>
____①____fun(int n)
{
  int g,s,b;
  g = n % 10;
  s = n/10 % 10;
  b = n/100;
  if((g + b) == s)
     return "yes";
```

```
  else
      return ____②____ ;
}
void main()
{
  int n;
  scanf("%d",&n);
  printf("%s\n",fun(n));
}
```

15. 程序的功能是打印出整数 1～1000 中满足个位数字的立方等于其本身的所有数。

```
#include <stdio.h>
void main()
{    int i,g;
    for(i=1;i<1000;i++)
    {
        g= ____①____ ;
        if(____②____)
            printf("%4d",i);
    }
    printf("\n");
}
```

16. 下面程序功能是：将磁盘中的一个文件复制到另一个文件中，两个文件名在命令行中给出。

```
#include <stdio.h>
#include <stdlib.h>
void main(int argc,char * argv[])
{
    FILE *f1, *f2;
    if(____①____)
    {
        printf("Parameters missing!\n");
        exit(0);
    }
    if(((f1=fopen(argv[1],"r"))==NULL) || ((f2=fopen(argv[2],"w"))==NULL))
    {
        printf("Can not open file!\n");
        exit(0);
    }
    while(____②____)fputc(fgetc(f1),f2);
    fclose(f1);
    fclose(f2);
}
```

17. 下面程序功能是：调用 trap 函数求定积分，被积函数是：$F(x)=x*x+3*x+2$，且 $n=1000, a=0, b=4$。其中，trap 是用梯形法求定积分的通用函数。

梯形法求定积分的公式为：

$$h = (a - b)/n$$

$$s = ((f(a) + f(b)/2 + \sum f(a + i * h)) * h$$

i=1～n，其中 n 为积分小区间数。

```
#include<stdio.h>
#include<math.h>
double trap(double (*fun)(),double a,double b)
{
    double t,h;
    int i,n=1000;
    t=0.5*((*fun)(a)+(*fun)(b));
    h=fabs(a-b)/(double)(n);
    for(i=1;i<=n-1;i++)
        t=t+ ____①____;
    t=t*h;
    return t;
}
double mypoly(double x)
{
    return(x*x+3.0*x+2.0);
}
void main()
{
    double y,(*pf)();
    pf= ____②____;
    y=trap(pf,0.0,4.0);
    printf("%f\n",y);
}
```

18. 下面程序的功能是：求 a 数组中所有素数的和，其中，函数 isprime 用来判断自变量是否为素数。（素数是只能被 1 和本身整除且大于 1 的自然数）

```
#include<stdio.h>
#include<stdlib.h>
#include<time.h>
int isprime(int x)
{
    int i;
    int prime=1;
    for(i=2;i<=x/2;i++)
        if(x%i==0)prime= ____①____;
    return ____②____;
}
void main()
{
    int i,a[10],*p=a,sum=0;
    srand((unsigned)time(NULL));
    for(i=0;i<10;i++)
    {
        a[i]=rand()%100;
```

```
            printf(" %d",a[i]);
        }
        putchar('\n');
        for(i=0;i<10;i++)
            if(isprime(*(p+ ③ )))
            {
                printf(" %d",*(a+i));
                sum+=*(a+i);
            }
        printf("\nthe sum=%d\n",sum);
}
```

19. 下面程序的功能是：调用 invert 函数，按逆序重新放置 a 数组中元素的值。a 数组中的值在 main 函数中读入。

```
#include<stdio.h>
#include<stdlib.h>
#include<time.h>
#define N 10
void invert(int *s,int i,int j)
{
    int t;
    if(i<j)
    {
        t=*(s+i);*(s+i)=*(s+j);*(s+j)=t;
        invert(s, ① ,j-1);
    }
}
void main()
{
    int i,a[N],*p=a,sum=0;
    srand((unsigned)time(NULL));
    for(i=0;i<N;i++)
    {
        a[i]=rand()%100;
        printf(" %d",a[i]);
    }
    putchar('\n');
    invert(a,0, ② );
    for(i=0;i<N;i++)
        printf(" %d",a[i]);
    putchar('\n');
}
```

20. 下面程序建立了一个带有头结点的单向链表，链表结点中的数据通过键盘输入，当输入数据为－1 时，表示输入结束。(链表头结点的 data 域不放数据，表空的条件是 ph－>next＝＝NULL)

```
#include<stdio.h>
#include<stdlib.h>
#include<time.h>
```

```
#define N 10
struct list
{
    int data;
    struct list *next;
};
_____①_____creatlist()
{
    struct list *p, *q, *ph;
    int a,i;
    ph=(struct list *)malloc(sizeof(struct list));
    p=q=ph;
    srand((unsigned)time( NULL));
    for(i=0;i<N;i++)
    {
        p=(struct list*)malloc(sizeof(struct list));
        a=rand()%100;
        p->data=a;
        q->next=p;
        ___②___=p;
    }
    p->next='\0';
    return(ph);
}
void main()
{
    struct list *head;
    head=creatlist();
}
```

21. 下面程序统计从终端输入的字符中大写字母的个数。用#号作为输入结束标志。

```
#include<stdio.h>
void main()
{
   int num[26],i;char c;
   for(i=0;i<26;i++)
       num[i]=0;
   while(_____①_____)!='#')                  //统计从终端输入的大写字母个数
    if(c>='A' && c<='Z')
        num[c-65]+=1;
    for(i=0;i<26;i++)                        //输出大写字母和该字母的个数
       if(num[i])
          printf("%c:%d\n",____②____,num[i]);
}
```

22. 下面程序调用 getone 函数开辟一个动态存储单元，调用 assone 函数把数据输入此动态存储单元，调用 outone 函数输出此动态存储单元中的数据。

```
#include<stdio.h>
```

```
#include<stdlib.h>
void getone(int **s)
{
    *s=(int *)malloc(sizeof(int));
}
void assone(int *a)
{
    scanf("%d", ____①____);
}
void outone(int *b)
{
    printf("%d\n", ____②____);
}
void main()
{
    int *p;
    getone(&p);
    assone(p);
    outone(p);
}
```

23. 下面 invert 函数的功能是将一个字符串 str 的内容颠倒过来。

```
#include<stdio.h>
#include<string.h>
void invert(char str[])
{
    int i,j;
    ____①____;
    for(i=0,j=strlen(str)____②____;i<j;i++,j--)
    {
        k=str[i];str[i]=str[j];str[j]=k;
    }
}
void main()
{
    char s[]="1234567890";
    invert(s);
    printf("%s\n",s);
}
```

24. mystrlen 函数的功能是计算 str 所指字符串的长度,并作为函数值返回。

```
#include<stdio.h>
int mystrlen(char *str)
{
    int i;
    for(i=0;____①____;i++);
    return ____②____;
}
void main()
{
```

```
    char s[] = "1234567890";
    printf("%d\n",mystrlen(s));
}
```

25. 下面 pi 函数的功能是根据 $\frac{\pi}{4}=1-\frac{1}{3}+\frac{1}{5}-\frac{1}{7}+\cdots$ 公式计算满足精度 ε 要求的 π 值。

```
#include<stdio.h>
double pi(double eps)
{
    double s = 0.0,t = 1.0;
    int n,flg = 1;
    for(____①____;t > eps;n++)
    {
        s = s + flg * t;
        t = 1.0/(2 * n + 1);
        flg =- flg;
    }
    return ____②____;
}
void main()
{
    double x = 0.000001;
    printf("%lf\n",pi(x));
}
```

26. 下面程序的功能是：从键盘上输入若干个学生的成绩，统计并输出最高成绩和最低成绩，当输入负数时结束输入。

```
#include<stdio.h>
void main()
{
    float x,amax,amin;
    scanf("%f",&x);
    amax = amin = x;
    while(____①____)
    {
        if(x > amax)amax = x;
        if(____②____)amin = x;
        scanf("%f",&x);
    }
    printf("\namax = %f\namin = %f\n",amax,amin);
}
```

27. 下面程序通过函数 average 计算数组中各元素的平均值。

```
#include<stdio.h>
float average(int * pa,int n)
{
    int i;
    float avg = 0.0;
    for(i = 0;i < n;i++)
```

```
        avg = avg + ____①____;
    avg = ____②____;
    return avg;
}
void main()
{
    int a[5] = {2,4,6,8,10};
    float mean;
    mean = average(a,5);
    printf("mean = %f\n",mean);
}
```

28. 程序功能是对某班的某科学生成绩 x 进行分段统计。要求将[0,60)、[60,70)、[70,80)、[80,90)、[90,100)5 个分数段的人数分别统计在 a[5]～a[9]中。学生成绩采用百分制，当非法输入时，结束统计；请完善程序并调试运行。

```
#include <stdio.h>
void main()
{
    int x;
    int i,k,a[10] = {0};
    scanf("%d",&x);
    k = ____①____;
    while(k >= 0&&k < 10)
    {
        if(k < 6)
            k = 5;
        a[k] = ____②____;
        scanf("%d",&x);
        k = (int)x/10;
    }
    for(i = 5;i < 10;i++)
        printf("%5d",a[i]);
}
```

29. 程序的功能是：统计文本文件 fname.txt 中的字符个数。请完善程序并调试运行。

```
#include <stdio.h>
#include <stdlib.h>
void main()
{   FILE *fp; long num = 0L;
    if(________①________ == NULL)
    {   printf("Open error\n");
        exit(0);
    }
    while(____②____)
    {   fgetc(fp);
        num++;
    }
    printf("num = %ld\n",num - 1);
    ________③________;
```

```
}
```

30. 程序的功能是输出如右图所示的规则图形，请完善程序并调试运行。

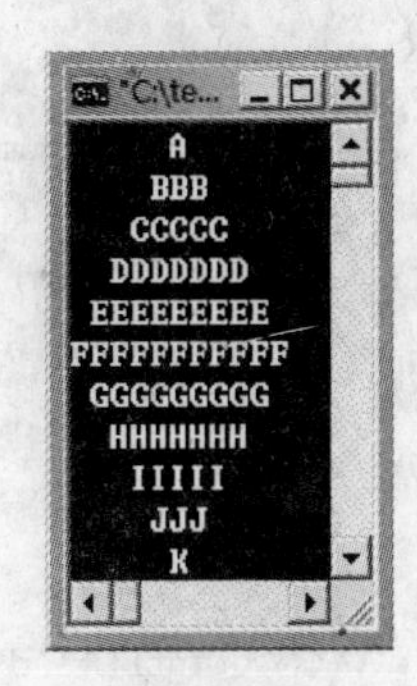


```
#include<stdio.h>
#define M 6
void main()
{
    int i,j;
    char a = 'A';
    for(i = 1;____①____;i++)
    {
        for(j = 1;j <= M - i;j++)putchar(' ');
        for(j = 1;j < i * 2;j++)putchar(a);
        putchar('\n');
        ____②____;
    }
    for(i = 1;____③____;i++)
    {
        for(j = 1; j <= i;j++)putchar(' ');
        for(j = 1;j <(M - i) * 2;j++)putchar(a);
        putchar('\n');
        a++;
    }
}
```

四、阅读分析下面各题，写出程序运行结果

1.

```
#include<stdio.h>
int f()
{
    static int i = 0;
    int s = 1;
    s += i;
    i++;
    return s;
}
void main()
{
    int i,a = 0;
    for(i = 0;i < 5;i++)
        a += f();
    printf("%d\n",a);
}
```

2.

```
#include<stdio.h>
unsigned fun6(unsigned num)
{
```

```
    unsigned k = 1;
    do
    {
        k *= num % 10;
        num/= 10;
    }while(num);
    return k;
}
void main()
{
    unsigned n = 26;
    printf(" % d\n",fun6(n));
}
```

3.

```
#include < stdio.h >
void prt(int * m, int n)
{
    int i;
    for(i = 0;i < n;i++) m[i]++;
}
void main()
{
    int a[] = {1,2,3,4,5},i;
    prt(a,5);
    for(i = 0;i < 5;i++)
        printf(" % d,",a[i]);
}
```

4.

```
#include < stdio.h >
int func(int * a)
{ static int t = 2;
    int b = 2;
    * a = * a + 10;
  t = t + 3;
  return b + t;
}
void main()
{ int a = 2,res,k = 3;
    res = func(&a);
    printf(" % d",res);
  res = func(&k);
  printf(" % d   % d\n",res,k);
}
```

5.

```
#include < stdio.h >
#include < string.h >
```

```
int fun(char s1[],int n)
{ static k = 3;
  s1[n] += k++;
  return k;
}
void main()
{      int i,x;
  char ss[10] = "1234";
    strcat(ss,"abc");
  x = 0;
  for(i = 0;i < 3;i++)
        x = fun(ss,x);
    printf(" % s\n",ss);
}
```

6.

```
#include < stdio.h >
void main()
{ int a[] = {1,3,5};
  int s = 1,j, * p = a;

  for(j = 0;j < 3;j++)
   s *= * (p + j);
  printf("s = % d\n",s);
}
```

7.

```
#include < stdio.h >
int f(int num,int run)
{
    static int fact,i;
    if(run == 0)
    {
        fact = 1;
        i = 1;
    }
    fact *= i;
    if(++i < = num)
        f(num,1);
    return(fact);
}
void main()
{
    int i = 0;
    printf("f = % d\n",f(3,0));
}
```

8.

```
#include < stdio.h >
```

```
main()
{
    int a[] = {1,3,5,7,9},b[4] = {2,4,6,8}, *p = a, *q = b;
    p += 2;
    q++;
    *p = (*q) % 3 + 5;
    *(++q) = *(p--) - 3;
    printf("%d", *(p+1));
    printf("%d\n", q[0]);
}
```

9. 运行程序时输入－6931,则输出结果是什么?

```
#include <stdio.h>
void printopp(long int n)
{
    int i = 0;
    if(n == 0)return;
    else
        while(n)
        {
            if(n > 0 || i == 0)
                printf("%1d", n % 10);
            else
                printf("%ld", -n % 10);
            i++;
            n/= 10;
        }
}
void main()
{
    long int n;
    scanf("%ld",&n);
    printopp(n);
    printf("\n");
}
```

10.

```
#include <stdio.h>
#define  N   2
#define  Y(n)   ((N+1) * n)
main()
{
  int z;
  z = 2 * (N + Y(5));
  printf("%d",z);
}
```

11.

```
#include <stdio.h>
```

```
long fun(int n)
{
    long s;
    if(n == 1 || n == 2)
        s = 2;
    else
        s = n + fun(n - 1);
    return s;
}
void main()
{
    long fun(int n);
    printf(" % ld\n", fun(4));
}
```

12.

```
#include <stdio.h>
void main()
{
    void fun(int *x, int *y);
    int a[] = {1,2,3,4}, j, x = 0;
    for(j = 0; j < 4; j++)
    {
        fun(a, &x);
        printf(" % d", x);
    }
    printf("\n");
}
void fun(int *x, int *y)
{
    static int t = 3;
    *y = x[t];
    t--;
}
```

13.

```
#include <stdio.h>
void main()
{
    void add();
    int i;
    for(i = 0; i < 3; i++) add();
}
void add()
{
    static int x = 0;
    x++;
    printf (" % d", x);
}
```

14.

```
#include<stdio.h>
void main()
{
    int a,b,c,x;
    a=b=c=0;
    x=35;
    if(!a) x--;
    else if(b);
    if(c)
        x=3;
    else
        x=4;
    printf("%d\n",x);
}
```

15.

```
#include<stdio.h>
void main()
{
    int i, j, row, colum, max;
    int a[3][4] = {1,2,3,4,9,8,7,6,-10,10,-5,2};
    max = a[0][0];
    for( i=0;i<=2;i++)
        for(j=0;j<=3;j++)
            if(a[i][j]>max)
            {
                max=a[i][j];
                row=i;
                colum=j;
            }
    printf( "max=%d,row=%d,colum=%d\n", max, row, colum );
}
```

16.

```
#include<stdio.h>
#define Min(x,y) (x)<(y)?(x):(y)
void main()
{
  int a=1,b=2,c=3,d=4,t;
  t=Min(a+b,c+d)*1000;
  printf("t=%d\n",t);
}
```

17.

```
#include<stdio.h>
void fun(int x)
{
```

```
  putchar('0' + x % 10);
  if(x/10)fun(x/10);
 }
void main()
{
  int m = 1234;
  fun(m);
  putchar('\n');
}
```

18. 已知函数 isalpha(ch)的功能是判断自变量 ch 是否是字母。若是则函数值为 1,否则为 0。运行下面程序的结果是什么?

```
#include <stdio.h>
#include <ctype.h>                                //为引用函数 isalpha
void fun4(char str[])
{
    int i,j;
    for(i = 0,j = 0;str[i];i++)
        if(isalpha(str[i]))
            str[j++] = str[i];
    str[j] = '\0';
}
void main()
{
    char ss[80] = "It is!";
    fun4(ss);
    printf("%s\n",ss);
}
```

19.

```
#include <stdio.h>
void main()
{
    int i = 0,sum = 1;
    do
    {
        sum += i++;
    }while(i < 6);
    printf("%d\n",sum);
}
```

20.

```
#include <stdio.h>
#define PR(ar) printf("%d",ar)
void main()
{
    int j,a[] = {1,3,5,7,9,11,13,15}, *p = a + 5;
```

```
    for(j = 3;j;j -- )
    {
        switch(j)
        {
        case 1:
        case 2:PR( * p++);break;
        case 3:PR( * ( -- p));
        }
    }
}
```

21.

```
#include < stdio.h >
void main()
{
    int a = 3,b = 2,c = 1;
    c -= ++b;
    b *= a + c;
    {
        int b = 5,c = 12;
        c/= b * 2;
        a -= c;
        printf(" %d %d %d\t",a,b,c);
        a +=-- c;
    }
    printf(" %d %d %d\n",a,b,c);
}
```

22.

```
#include < stdio.h >
#define MAX_COUNT 4
void fun();
int main()
{
    int count;
    for(count = 1;count < = MAX_COUNT;count++)fun();
    return 0;
}
void fun()
{
    static int i;
    i += 2;
    printf(" %d ",i);
}
```

23. 运行下面程序时，如果从键盘输入方框中所示的数据，则结果是什么？

```
#include<stdio.h>
#include<string.h>
void main()
{
    int i;
    char str[10],temp[10];
    gets(temp);
    for(i=0;i<4;i++)
    {
        gets(str);
        if(strcmp(temp,str)<0)strcpy(temp,str);
    }
    printf("%s\n",temp);
}
```

```
C++
BASEC
QuickC
Ada
Pascal
```

24. 设下面程序被编译、链接后生成可执行文件 cpy.exe。假定磁盘上有三个文本文件,其文件和内容分别为:

文件名	内容
a.txt	aaaa#
b.txt	bbbb#
c.txt	cccc#

如果在 DOS 下输入"C:\temp>cpy a.txt b.txt c.txt",则输出的结果是什么?

```
#include<stdio.h>
#include<stdlib.h>
int main(int argc,char * argv[])
{
    FILE *fp;
    void fc();
    int i=1;
    while(--argc>0)
        if((fp=fopen(argv[i++],"r"))==NULL)
        {
            printf("Cannot open file!\n");
            exit(1);
        }
        else
        {
            fc(fp);
            fclose(fp);
        }
    return 0;
}
void fc(FILE * ifp)
{
    char c;
    while((c=getc(ifp))!='#')
        putchar(c-32);
}
```

25. 运行下面程序时,若输入 3 个整数 3、2、1,则输出结果是什么?

```
#include<stdio.h>
void sub(int n,int uu[])
{
    int t;
    t = uu[n--];
    t += 3 * uu[n];
    n++;
    if(t >= 10)
    {
        uu[n++] = t/10;
        uu[n] = t % 10;
    }
    else
        uu[n] = t;
}
void main()
{
    int i,n,aa[10] = {0,0,0,0,0,0};
    scanf("%d %d %d",&n,&aa[0],&aa[1]);
    for(i = 1;i < n;i++)
        sub(i,aa);
    for(i = 0;i < n;i++)
        printf("%d",aa[i]);
    printf("\n");
}
```

26. 运行下面程序,如果输入字符串 qwerty 和 abcd,则程序的输出结果是什么?

```
#include<stdio.h>
#include<string.h>
int strle(char a[],char b[])
{
    int num = 0,n = 0;
    while(*(a + num)!= '\0')num++;
    while(b[n])
    {
        *(a + num) = b[n];
        num++;n++;
    }
    a[num] = '\0';
    return num;
}
void main()
{
    char str1[81],str2[81],*p1 = str1,*p2 = str2;
    gets(p1);gets(p2);
    printf("%d,",strle(p1,p2));
    puts(p1);
}
```

27.

```
#include<stdio.h>
void fun(int n,int *s)
{
    int f1,f2;
    if(n==1||n==2) *s=1;
    else
    {
        fun(n-1,&f1);
        fun(n-1,&f2);
        *s=f1+f2;
    }
}
void main()
{
    int x;
    fun(5,&x);
    printf("%d\n",x);
}
```

28. 运行下面程序时,输入字符串"HOW DO YOU DO",则程序的输出结果是什么?

```
#include<stdio.h>
void main()
{
    char str1[]="how do you do",str2[10];
    char *p1=str1,*p2=str2;
    scanf("%s",p2);
    printf("%s",p2);
    printf("%s\n",p1);
}
```

29.

```
#include<stdio.h>
void main()
{
    char b[]="ABCDEFG";
    char *chp=&b[7];
    while(--chp>&b[0])putchar(*chp);
    putchar('\n');
}
```

30.

```
#include<stdio.h>
void ast(int x,int y,int *cp,int *dp)
{
    *cp=x+y; *dp=x-y;
}
void main()
```

```
{
    int a,b,c,d;
    a = 4;b = 3;
    ast(a,b,&c,&d);
    printf(" %d %d\n",c,d);
}
```

31.

```
#include < stdio.h >
void main()
{
    int x = 2;
    while(x -- );
    printf(" %d\n",x);
}
```

32.

```
#include < stdio.h >
void main()
{
    int a[ ] = {2,4,6}, * prt = &a[0],x = 8,y,z;
    for(y = 0;y < 3;y++)
        z = ( * (prt + y)< x)? * (prt + y):x;
    printf(" %d\n",z);
}
```

33.

```
#include < stdio.h >
void main()
{
    int arr[10],i,k = 0;
    for(i = 0;i < 10;i++)
        arr[i] = i;
    for(i = 1;i < 4;i++)
        k += arr[i] = i;
    printf(" %d\n",k);
}
```

五、程序设计题

1. 设计循环程序，求数列 $1+2\frac{1}{2}+3\frac{1}{3}+4\frac{1}{4}+\cdots+20\frac{1}{20}$前 20 项之和。

2. 编写一个函数，将字符串 s 中的字符按从大到小的顺序排列。编写主函数进行测试。

3. 编写程序，求数列$\frac{2}{1},\frac{3}{2},\frac{5}{3},\frac{8}{5},\frac{13}{8},\frac{21}{13}\cdots$前 20 项之和。

4. 函数 fac 的原型为“long fac(int k);”，函数利用静态变量实现以下功能：连续以 1、2、3、…、n 为参数调用该函数后，函数最后返回 $n!$。要求编写该函数并用相应的主函数进行测试。

5. 编程序实现：一个正整数与3的和是5的倍数，与3的差是6的倍数，求出符合此条件的最小正整数。

6. 编写函数 reverse(s)，将字符串 s 中的字符位置颠倒过来。例如，字符串"abcdefg"中的字符位置颠倒后变为"gfedcba"。并编写一个主函数来验证该函数的功能。

7. 设计程序实现：从键盘上输入若干个值为0～32767之间的正整数，并将每个整数的各位数字之和存放在数组 a 中。要求：被处理数据的个数由键盘输入指定（小于50个数）；求每个整数各位数字之和的功能用自定义函数实现。

8. 设计程序实现：判定输入的正整数是否是"回文数"，所谓"回文数"是指正读反读都相同的数，如：123454321。

9. 设计程序实现：函数 fun 能将从键盘输入的多个英文单词（各单词用空格分隔）中每个单词的第一个字母转换为大写，并编写一个主函数验证该函数的功能。

六、程序改错题

1. 以下程序的功能是求 a 数组中偶数的个数和偶数的平均值。请改正程序中带 * 的行中的错误，使它能够正确地输出结果。

```
#include <stdio.h>
void main()
{
    int a[10] = {1,2,3,4,5,6,7,8,9,10},k,i;
    float s = 0,ave;
    for(k = i = 0;i < 10;i++)
    {
        if(a[i] % 2!= 0)
*           break;
        s += a[i],k++;
    }
*       if(k = 0)
        {
            ave = s/k;
*           printf(" %f, %d\n",k,ave);
        }
}
```

2. 以下函数 fun()的功能是逐个比较 s、t 两个字符串对应位置中的字符，把 ASCII 值大或相等的字符依次存放到 a 数组中。请改正程序中带 * 的行中的错误，使它能够正确地输出结果。

```
#include <stdio.h>
void fun(char *s,char *t,char *a)
{
*     int k;
      for(; *s&& *t;)
      {
        if( *s <= *t)
            a[k] = *t;
        else
            a[k] = *s;
```

```
 *        s--,t--;
          k++;
       }
       a[k] = '\0';
   }
   void main()
   {
 *     char s[15] = "fsGAD123",t[15] = 'sdAood',a[20];
       fun(s,t,a);
       puts(a);
   }
```

3. 以下程序实现从键盘输入一个数,将其插入到一个升序数组中,保持数组仍然按升序排列。请改正程序中带 * 的行中的错误,使它能够正确地输出结果。

```
   #include <stdio.h>
   void main()
   {
       int data,k;
       static int a[9] = {-10,2,4,8,10,15,25,50};
       printf("\nEnter adata:");
 *     scanf("%d",data);
 *     for(k = 8;k >= 0;k++)
       {
           if(data > a[k-1] || k == 0)
           {
               a[k] = data;
 *             continue;

           }
           else
           {
               a[k] = a[k-1];
           }
       }
       for(k = 0;k <= 8;k++)
           printf("%7d",a[k]);
       putchar('\n');
   }
```

程序改正后运行该程序,结果如下:

```
Enter adata:9
-10    2    4    8    9   10   15   25   50
```

综合练习题参考答案

一、单项选择题

1. B　2. A　3. B　4. B　5. A
6. B　7. D　8. B　9. A　10. B
11. D　12. A　13. C　14. B　15. A
16. D　17. D　18. A　19. A　20. C
21. A　22. D　23. D　24. C　25. A
26. C　27. A　28. B　29. A　30. B
31. B　32. C　33. B　34. A　35. C
36. B　37. B　38. A　39. C　40. D
41. C　42. C　43. B　44. C　45. D
46. D　47. C　48. B　49. D　50. A
51. C　52. A　53. A　54. D　55. C
56. A　57. C　58. B　59. D　60. C
61. A　62. A　63. C　64. B　65. D
66. C　67. B　68. C　69. C　70. B
71. D　72. D　73. A　74. D　75. A
76. B　77. B　78. D　79. D　80. A
81. C　82. C　83. D　84. D　85. C
86. A　87. D　88. B　89. A　90. B
91. B　92. B　93. B　94. A　95. B
96. A　97. B　98. A　99. B　100. B
101. D　102. A　103. A　104. D　105. C
106. B　107. C　108. A　109. C　110. B
111. D　112. B　113. B　114. B　115. A
116. B　117. C　118. C　119. A　120. D
121. B　122. D　123. D　124. A　125. D
126. C　127. B　128. A　129. B　130. B
131. A　132. D　133. B　134. D　135. C
136. D　137. B　138. C　139. A　140. A
141. C　142. D　143. A

二、基本概念选择填空题

1. B　K　C　D　I
2. F　B　I　H　J
3. K　D　C　G　J

三、程序填空题

1. n/10%10 或 n%100/10 或 n/10-i*10　　%d
2. k%3==0&&(a1==5 || a2==5)　　a[i]=k
3. getchar()　　&&
4. **p　　*(p+j)
5. float *max,float *min　　*max=*min=array[0]　　sum/n
6. n++　　ave
7. p2--　　p1++
8. i,4,a　　x<a[m][j]
9. break　　k>=n
10. i<*n　　j--　　v[j+1]
11. '\n'　　num++;
12. j<4　　*(a+j)或 a[j]
13. n<=m　　total+=sum;
14. char *　　"no"
15. i%10;　　g*g*g==i
16. argc<3　　!feof(f1)或 feof(f1)==0
17. (*fun)(a+i*h)　　mypoly
18. 0　　prime　　i
19. i+1　　N-1
20. struct list *　　q
21. c=getchar()　　i+65
22. a　　*b
23. char k　　-1
24. str[i]　　i
25. n=1　　4.0*s
26. x>=0　　x<amin
27. pa[i]　　avg/n
28. (int)x/10 或 x/10　　a[k]+1
29. (fp=fopen("fname.txt","r"))　　!feof(fp)　　fclose(fp)
30. i<=M　　a++　　i<=M-1

四、分析程序题

1. 15
2. 12
3. 2,3,4,5,6
4. 7　10　13
5. 4234egc
6. s=15

7. f=6
8. 6 3
9. −1396
10. 34
11. 9
12. 4321
13. 1 2 3
14. 4
15. max=10,row=2,colum=1
16. t=3
17. 4321
18. Itis
19. 16
20. 9 9 11
21. 2 5 1 2 3 −2
22. 2 4 6 8
23. QuickC
24. AAAABBBBCCCC
25. 272
26. 10,qwertyabcd
27. 8
28. HOWhow do you do
29. GFEDCB
30. 7 1
31. −1
32. 6
33. 6

五、程序设计题

1. 参考程序

```
#include <stdio.h>
void main()
{
    float a,b,s = 0;
    int n;
    a = 1,b = 1;
    for(n = 1;n <= 20;n++)
    {
        s = s + a + 1/b;
        a++;
        b++;
    }
    printf("s = %5.2f\n",s);
}
```

2. 参考程序

```
#include <stdio.h>
#include <string.h>
void main()
{
    void sort(char *);
    char s[20];
    gets(s);
    sort(s);
    puts(s);
}
void sort(char *s)
{
    unsigned int i,j; char c;
```

```
    for (i = 0;s[i]! = 0;i++)
        for(j = 0;j < strlen(s) - i - 1;j++)
            if (s[j]> s[j + 1])
            {
                c = s[j];s[j] = s[j + 1];s[j + 1] = c;
            }
}
```

3. 参考程序

```
# include < stdio. h >
main()
{
    double x, sum;
    int i;
    for(i = 1, x = 2, sum = 0; i < = 20; i++)
    {
        sum = sum + x;
        x = 1 + 1/x;
    }
    printf("Front 20 terms of 2/1 + 3/2 + 5/3 + … = % lf\n", sum);
}
```

4. 参考程序

```
# include < stdio. h >
void main()
{
    long fac(int n);
    int n, j;
    long ff;
    scanf(" % d", &n);
    for(j = 2; j < = n; j++)
        ff = fac(j);
    printf("n! = % ld\n", ff);
}
long fac(int n)
{
    static long ff = 1;
    ff *= n;
    return ff;
}
```

5. 参考程序

```
# include < stdio. h >
void main()
{
    int i;
    for(i = 3;;i++)
    {
        if((i + 3) % 5 == 0 && (i - 3) % 6 == 0)
```

```
        {
            printf("%d\n",i);
            break;
        }
    }
}
```

6. 参考程序

```
#include <stdio.h>
#include <string.h>
void reverse(char s[])
{
    int i,j;
    char c;
    for(i=0,j=strlen(s)-1;i<j;i++,j--)
    {
        c=s[i];
        s[i]=s[j];
        s[j]=c;
    }
}
void main()
{
    char s[100];
    puts("Input a string:");
    gets(s);
    reverse(s);
    puts(s);
}
```

7. 参考程序

```
#include <stdio.h>
void main()
{
    int sumnum(int k);
    int n,m,i,a[50];
    scanf("%d",&n);
    for(i=0;i<n;i++)
    {
        scanf("%d",&m);
        if(m>=0&&m<=32767)
        {
            a[i]=sumnum(m);
            printf("a[%d]=%d\n",i,a[i]);
        }
    }
}
int sumnum(int k)
{
    int s=0;
```

```
    do
    {
        s = s + k % 10;
        k = k/10;
    }while(k > 0);
    return s;
}
```

8. 参考程序

```
#include < stdio.h >
void main()
{
    int n,m,r = 0;
    printf("Input a number:");
    scanf(" %d",&n);
    m = n;
    while(m)
    {
        r = r * 10 + m % 10;
        m/= 10;
    }
    if(n == r)
        printf(" %d is a palindrome number.Reverse = %d.\n",n,r);
    else
        printf(" %d is no a palindrome number.Reverse = %d.\n",n,r);
}
```

9. 参考程序

```
#include < stdio.h >
void fun(char * );
void main()
{
    char s[80];
    printf("Input a string:");
    gets(s);
    fun(s);
    puts(s);
}
void fun(char * s)
{
    * s& = 0xdf;                                   //串中的第一个字母转换为大写
    while( * s)
        if( * s++ == ' '&& * s!= ' ')
        * s& = 0xdf;                               //小写字母转换为大写,大写字母保持不变
}
```

六、程序改错题

1.

```
continue;
```

```
if(k!=0)
printf("%d,%f\n",k,ave);
```

2.

```
int k = 0;
s++,t++;
char s[15] = "fsGAD123",t[15] = "sdAood",a[20];
```

3.

```
&data
for(k = 8;k >= 0;k --)
break;
```

Visual C++常见编译错误信息

在编译程序时经常会出现一些错误信息，下面就一些常见的编译错误信息进行分析，使初学者尽快掌握分析错误的方法，提高上机调试程序的能力。

1. fatal error C1010：unexpected end of file while looking for precompiled header directive.

寻找预编译头文件路径时遇到了不该遇到的文件尾（一般是没有 # include "stdafx. h"）。

2. fatal error C1083：Cannot open include file，'R…. h'：No such file or directory.

不能打开包含文件“R…. h”：没有这样的文件或目录。

3. error C2086：'k'，redefinition.

k 重复定义。

4. error C2018：unknown character '0xa3'.

不认识的字符'0xa3'（一般是汉字或中文标点符号）。

5. error C2057：expected constant expression.

希望是常量表达式（一般出现在 switch 语句的 case 分支中）。

6. error C2065：'k'，undeclared identifier.

k 是未声明过的标识符。

7. error C2082：redefinition of formal parameter 'bReset'.

函数参数 bReset 在函数体中重定义。

8. error C2143：syntax error，missing '：' before '{'.

句法错误：“{”前缺少“；”。

9. error C2146：syntax error，missing '；' before identifier 'dc'.

句法错误：在“dc”前缺少“；”。

10. error C2196：case value '69' already used.

值 69 已经用过（一般出现在 switch 语句的 case 分支中）。

11. error C2660：'SetTimer'，function does not take 2 parameters.

SetTimer 函数不传递 2 个参数。

12. warning C4035：'f…'，no return value.

“f…”的 return 语句没有返回值。

13. warning C4553：'= ='，operator has no effect；did you intend '='?

没有效果的运算符“= =”；是否改为“=”？

14. warning C4700：local variable 'bReset' used without having been initialized.
局部变量 bReset 没有初始化就使用。
15. error C4716：'fun',must return a value.
fun 函数必须返回一个值。
16. LINK ：fatal error LNK1168,cannot open Debug/P1. exe for writing.
连接错误：不能打开 P1. exe 文件,以改写内容(一般是 P1. exe 还在运行,未关闭)。

Visual C++的IDE介绍

一、Visual C++ 6.0 的窗口界面

Visual C++是 Microsoft 公司的 Visual Studio 开发工具箱中的一个 C++程序开发包。Visual Studio 提供了一整套开发 Internet 和 Windows 应用程序的工具，包括 Visual C++、Visual Basic、Visual FoxPro、Visual InterDev、Visual J++以及其他辅助工具，如代码管理工具 Visual SourceSafe 和联机帮助系统 MSDN。Visual C++包中除包括 C++编译器外，还包括所有的库、例子和为创建 Windows 应用程序所需要的文档。

下面只介绍一些与实验有关的知识。

依次单击开始→程序→Microsoft Visual Studio 6.0→Microsoft Visual C++ 6.0，即可启动 Visual C++ 6.0。启动后的 Visual C++ 6.0 的集成开发环境界面如图 B.1 所示。

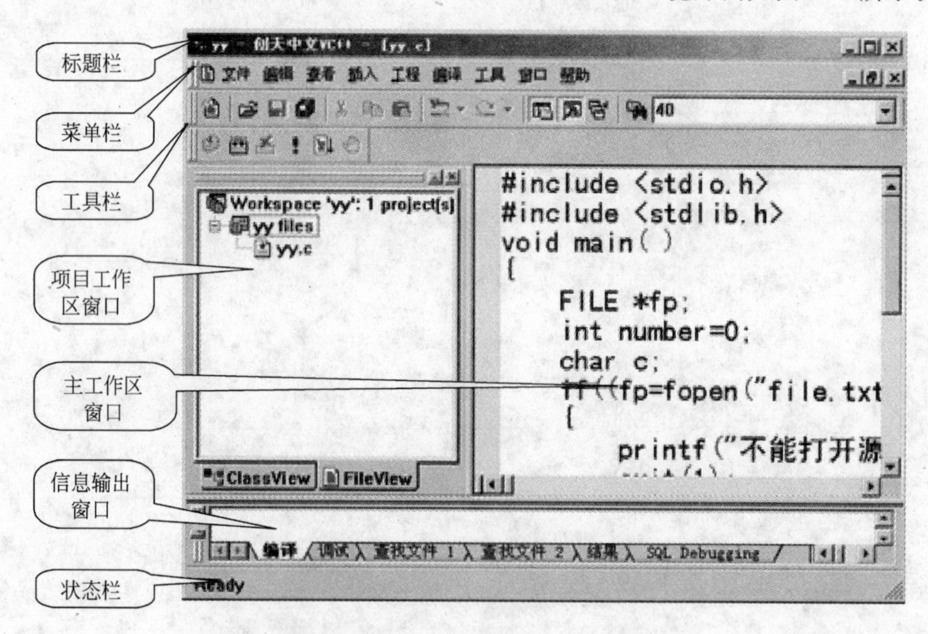

图 B.1　Visual C++ 6.0 的集成开发环境界面

1. 项目工作区窗口[信息查看窗口(InfoViewer)]：在此窗口中显示了项目各个方面的信息。此窗口包括 ClassView、ResourceView 和 FileView 3 个选项卡，它们提供了 3 个不同的视图以查看工程信息。

(1) ClassView 选项卡：以树型结构显示此工程创建的所有类，并在每一个类中列出了数据成员和成员函数,如图 B.2 所示。对每一个类先列出成员函数(以紫色图标标识),再列出数据成员(以绿蓝色图标标识)。成员的图标左面若有一个钥匙标志,则该成员为保护成员;成员的图标左面若有一个挂锁标志,则该成员为私有成员;成员的图标左面没有标志,则该成员为公有成员。

(2) ResourceView 选项卡:以树型结构显示此工程中的所有可视资源。这些资源包括位图、光标、菜单、工具栏和对话框模板等,如图 B.3 所示。Visual C++ 6.0 的开发平台提供了资源编辑器。资源编辑器具有可视化的技术和界面,能简单快速地创建和修改应用程序的资源。

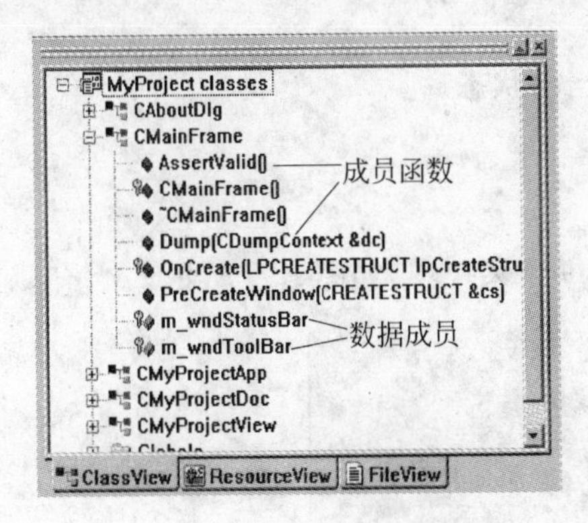

图 B.2 ClassView 视图

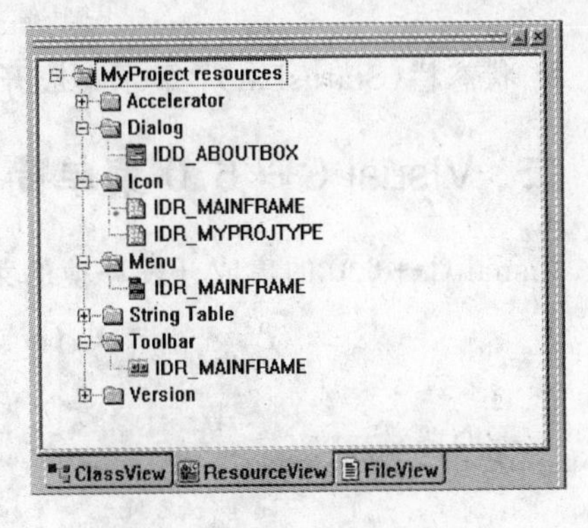

图 B.3 ResourceView 视图

(3) FileView 选项卡:以树型结构显示此工程中的所有文件。包括源文件、头文件、资源文件和帮助文件 4 种类型,如图 B.4 所示。在 FileView 选项卡中,能够对工程中的文件进行删除、添加和拷贝。若在视图中存在多个工程,则可以通过拖曳在工程之间交换文件。

2. 主工作区窗口[代码区(ClientArea)]:显示打开源文件的代码。用户在开发应用程序的过程中,源代码和资源的编辑、修改等工作都在主工作区窗口进行。

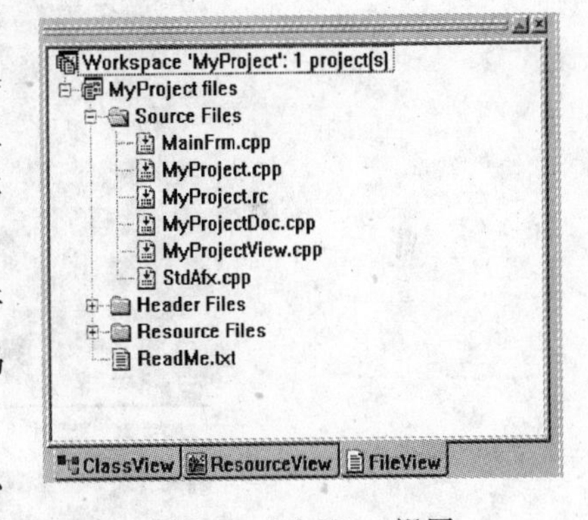

图 B.4 FileView 视图

3. 信息输出窗口(OutPut):用于显示编译、调试、查找等信息。信息输出窗口中有编译、调试、查找文件 1 和查找文件 2 4 个选项卡。

(1) "编译"选项卡中显示编译器、链接器和其他工具的状态信息。

(2) "调试"选项卡用于通知来自调试器的提示,这些提示对诸如未处理的异常和内存异常之类的情况提出警告。应用程序通过 OutputDebugString API 函数或 afxDump 类库产生的消息,也显示在 Debug 选项卡中。

(3) "查找文件 1"选项卡和"查找文件 2"选项卡用于显示从 Edit 菜单中选中的 Find in Files 命令项的执行结果。在默认情况下,Find in Files 命令的执行结果在 Find In Files 1 选项卡中显示。但若在 Find In Files 对话框中选中 Output to pane 2 复选框,如图 B.5 所示,则 Find in Files 命令的执行结果在 Find In Files 2 选项卡中显示。用户可以通过定制,在输出窗口中包含其他标签。

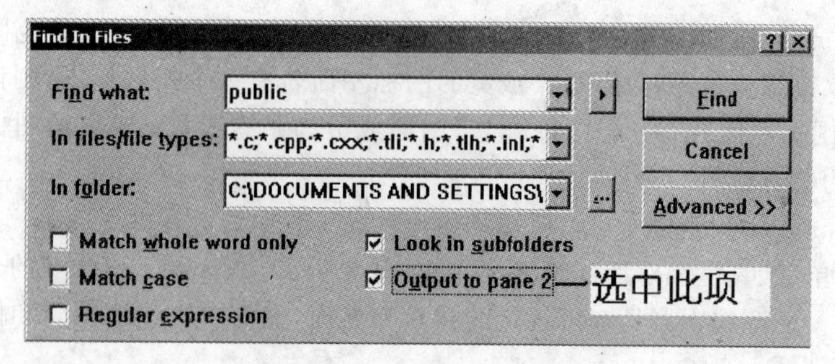

图 B.5　Find In Files 对话框

4. 状态栏(StatusBar)：显示集成开发环境的当前状态。

二、Visual C++ 6.0 菜单简介

Visual C++ 6.0 的集成开发环境的菜单栏共有 9 个菜单项，如图 B.6 所示。

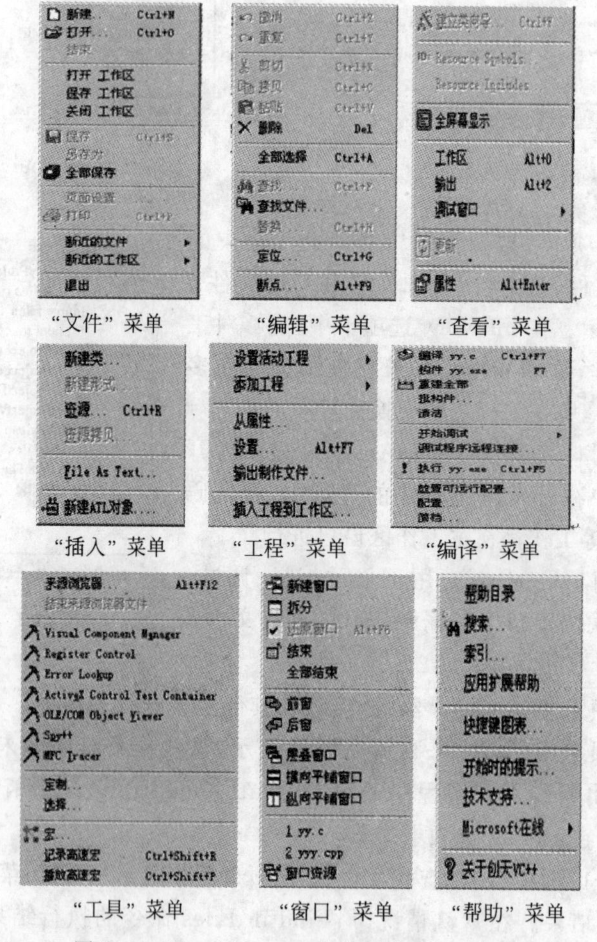

图 B.6　Visual C++ 6.0 集成开发环境的菜单

1. “文件”菜单

“文件”菜单主要用于对各种编程过程中用到的源文件进行操作和管理。

(1) 新建(New)

New 命令用于创建一个新的文件,包括源文件、头文件、资源文件、项目(Project)或项目工作区(Workspace)等。该命令运行时将打开一个对话框,称为 New 对话框,如图 B.7 所示,VC 将根据选择的文件类型和指定的文件名及路径自动创建文件,并打开相应的编辑器。New 对话框有 Files、Projects、Workspaces 和 Other Documents 4 个标签,默认的标签为 Projects 标签,用于创建新工程。

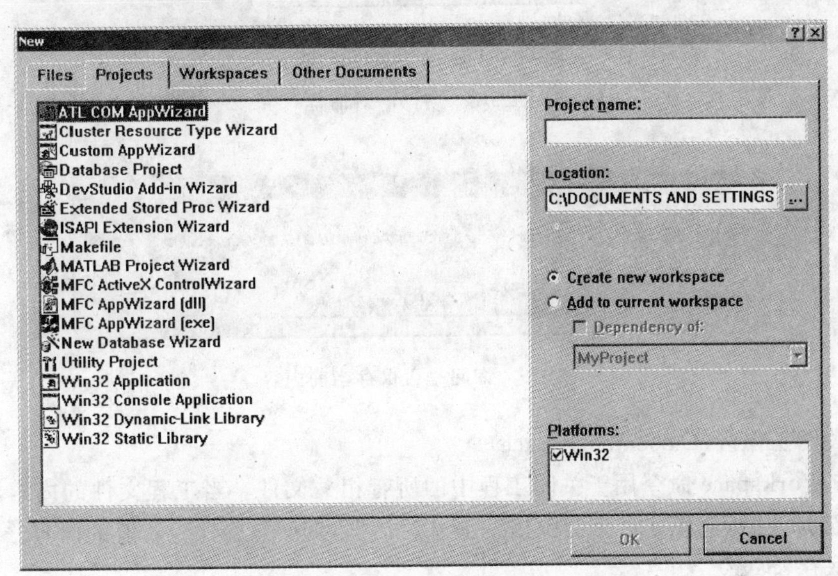

图 B.7 New 对话框

(2) 打开(Open)

Open 命令用于打开一个已存在的文件。该命令运行时,会弹出一个名为“打开”的对话框,如图 B.8 所示。

Open 命令可以打开多种类型的文件,包括源文件、头文件、各种资源文件、项目文件、图形文件等,并启动相应的编辑器,使文件内容在主工作区窗口内显示出来,以便查阅、编辑和修改。

(3) 结束(Close)

Close 命令用于关闭主工作区窗口内的当前活动窗口。若窗口内的内容发生了改变,系统会弹出一消息对话框,询问是否保存当前窗口的内容,如图 B.9 所示。

(4) 打开工作区(Open Workspace)

Open Workspace 命令用于打开已保存的工程所在的工作区。任何一个应用程序都是一个工程,当要继续进行上一次的应用程序设计或对某一工程进行操作时,可以用这一命令打开这个工程文件。

(5) 保存工作区(Save Workspace)

Save Workspace 命令用于保存工程中的所有相关文件,以及编译、链接所需的信息。

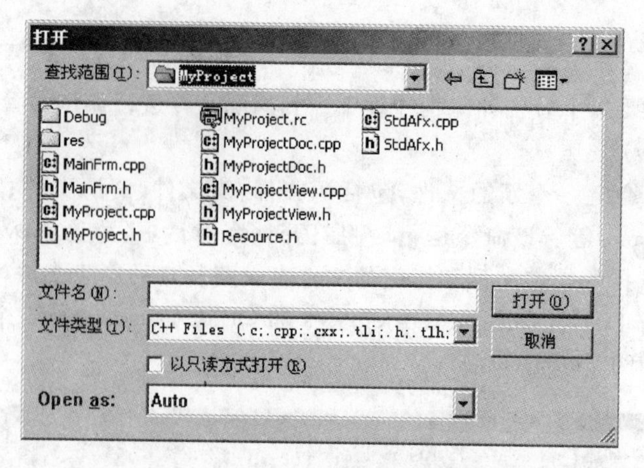

图 B.8　“打开”对话框

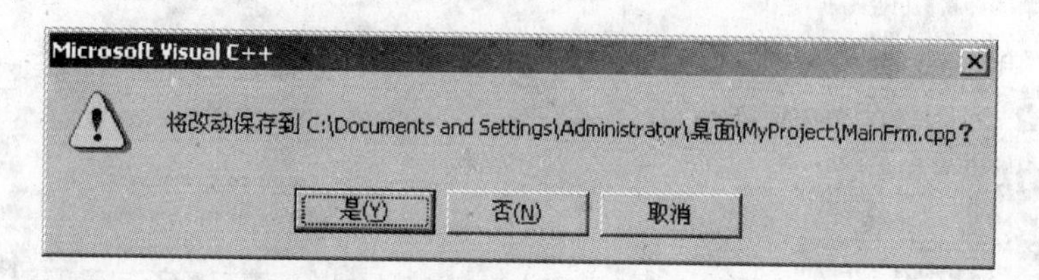

图 B.9　询问是否保存当前内容

(6) 关闭工作区(Close Workspace)

Close Workspace 命令用于关闭工程中的所有相关文件。当工程文件的内容没有被保存或已经被修改时，选择此命令会弹出一消息对话框，询问是否保存所有的内容。

(7) 保存(Save)

Save 命令将编辑区中的当前活动窗口的内容保存到相关的文件中。若对一新的窗口使用该命令，则将弹出“保存为”对话框，如图 B.10 所示。

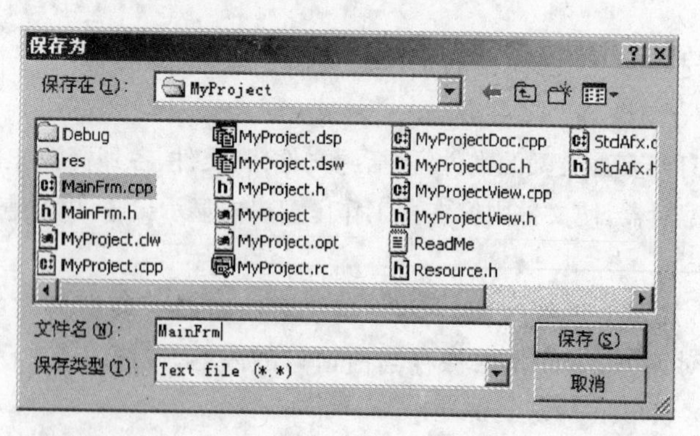

图 B.10　“保存为”对话框

(8) 另存为(Save As)

Save As 命令用于将编辑区中活动窗口的内容保存在一个由用户指定的文件中。选择此命令时，会弹出一个如图 B.10 所示的对话框。在此对话框中可以指定文件名，也可以指定目标目录和驱动器。

(9) 全部保存(Save All)

Save All 命令用于保存所有打开的文件、文档和项目。

(10) 页面设置(Page Setup)

Page Setup 命令用于页面设置。执行该命令时会弹出如图 B.11 所示的 Page Setup 对话框。在此对话框中可以对要求输出的文档进行输出效果的控制。其中包括设置上、下边界,左、右边界,头标和尾标。头标和尾标可以有文件名、页码、当前时间、当前日期及左对齐、右对齐、居中等格式设置。表 B.1 列出了头标和尾标的格式码及其含义。

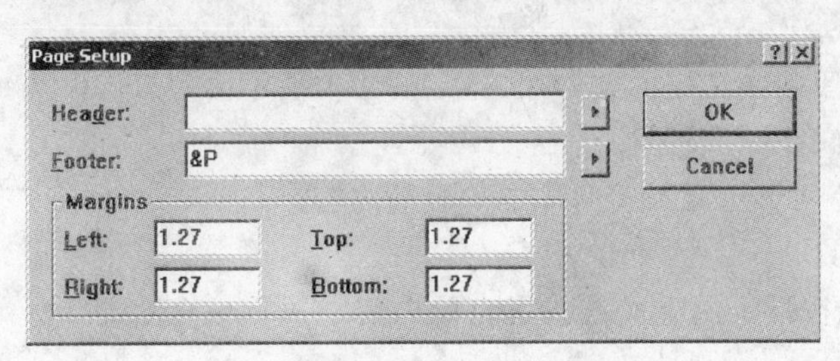

图 B.11 Page Setup 对话框

表 B.1 头标和尾标的格式码及其含义

格式码	含 义	格式码	含 义
&F	被打印的文件名称	&L	正文左对齐
&P	加入页码	&R	正文右对齐
&T	加入系统的当前时间	&C	正文居中
&D	加入系统的当前日期		

(11) 打印(Print)

Print 命令用于打印当前工作区的活动窗口的内容。

(12) 最近的文件(Recent Files)

Recent Files 命令将列出最近 4 个被编辑的文件,可以通过双击打开所选的文件。

(13) 最近的工作区(Recent Workspace)

Recent Workspace 命令将列出最近 4 个被打开的工作区,可以通过双击打开所选的工作区。

(14) 退出(Exit)

Exit 命令将关闭所有的窗口,再退出 Visual C++ 6.0 的开发环境。在关闭的过程中,会提示保存改动过的文件。

2. "编辑"菜单(Edit)

Edit 菜单主要支持文本文件的编辑与查找。

(1) 撤销(Undo)

Undo 命令用于撤销最近一次的编辑操作,能够撤销的编辑操作数取决于 Undo 缓冲区的大小。

(2) 重复(Redo)

Redo 命令用于撤销 Undo 操作,即撤销 Undo 命令的效果。

(3) 剪切(Cut)

Cut 命令用于删除选定的文本块,同时将其写入剪贴板,覆盖剪贴板原有的内容。

(4) 复制(Copy)

Copy 命令用于将选定的文本块复制到剪贴板。

(5) 粘贴(Paste)

Paste 命令用于将剪贴板的内容粘贴到光标处。

(6) 删除(Delete)

Delete 命令用于删除选定的文本块,选定的文本块不会写入剪贴板。

(7) 全部选择(Select All)

Select All 命令用于选定当前窗口中的全部内容。

(8) 查找(Find)

Find 命令用于按指定的方式查找指定的内容。执行该命令时,会弹出如图 B.12 所示的 Find 对话框。

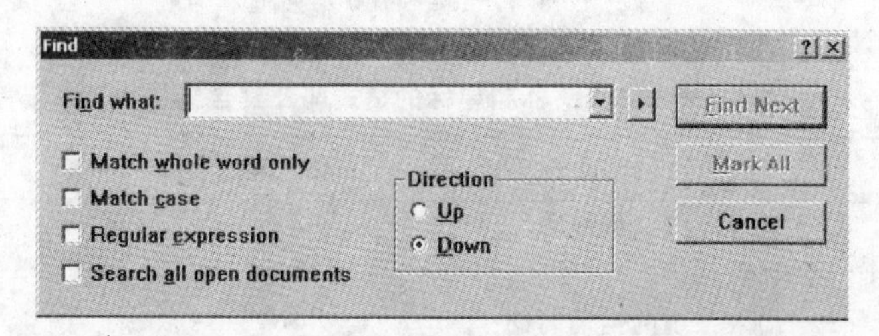

图 B.12 Find 对话框

在 Find 对话框中,在 Find what 编辑框中输入要查找的字符串,并可以指定查找方向(Up、Down),也可以设置查询选项,各选项的含义如表 B.2 所示。

表 B.2 查询选项及其含义

查询选项	含义
Match whole word only	进行整词查找
match case	大小写匹配查找
Regular expression	对 Find what 内容作规则表述,规则表达式中符号的含义如表 B.3 所示
Search all open documents	在所有打开的文档中进行查询

表 B.3 规则表达式符号的含义

符号	含义
*	匹配任意多个字符
.	匹配一个字符
^	匹配以指定字符串打头的每一行
+	匹配以指定字符串结尾的字符串

续表

符号	含　义
$	匹配以指定字符串结尾的每一行
[]	匹配指定字符集中的字符
\	匹配与指定字符一致的字符
\{\}	匹配大括号间指定字符串的任意顺序

(9) 查找文件(Find in Files)

Find in Files 命令用于在指定范围的文件中查找指定的字符串。当查找完成时，将显示包含要查找字符串的任何预选文件的名称。执行此命令时，会弹出如图 B.5 所示的 Find In Files 对话框。

(10) 替换(Replace)

Replace 命令用于进行文本替换。执行该命令时，会弹出如图 B.13 所示的 Replace 对话框。

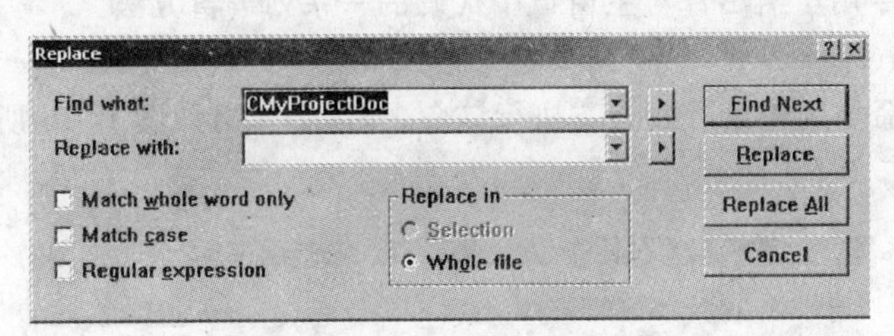

图 B.13　Replace 对话框

在 Replace 对话框中，输入要查找的字符串和要替换成的字符串，再单击 Replace 按钮即可进行替换。

(11) 定位(Go To)

Go To 命令用于快速地将光标移动到指定的位置。执行该命令时，会弹出如图 B.14 所示的 Go To 对话框。

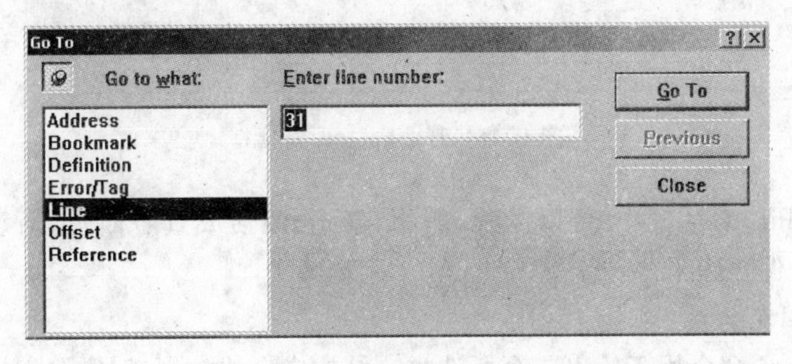

图 B.14　Go To 对话框

(12) 书签(Bookmarks)

Bookmarks 命令用于设置书签。执行该命令时，会弹出如图 B.15 所示的 Bookmark 对话框。

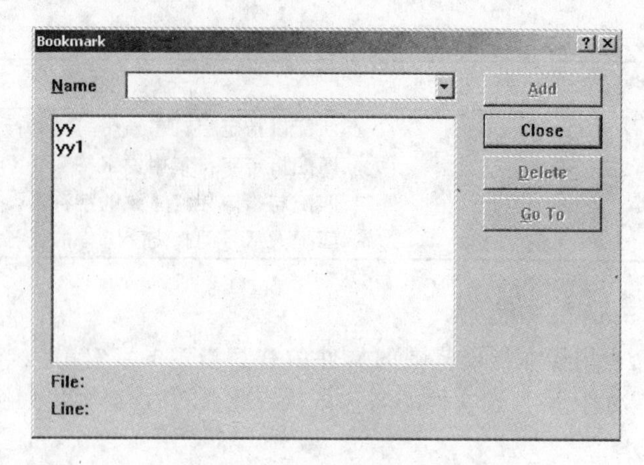

图 B.15　Bookmark 对话框

(13) 高级(Advanced)

Advanced 命令用于给出针对主窗口中代码的一系列编辑方法。

(14) 断点(Breakpoints)

Breakpoints 命令用于设置断点。执行该命令时,会弹出如图 B.16 所示的 Breakpoints 对话框。

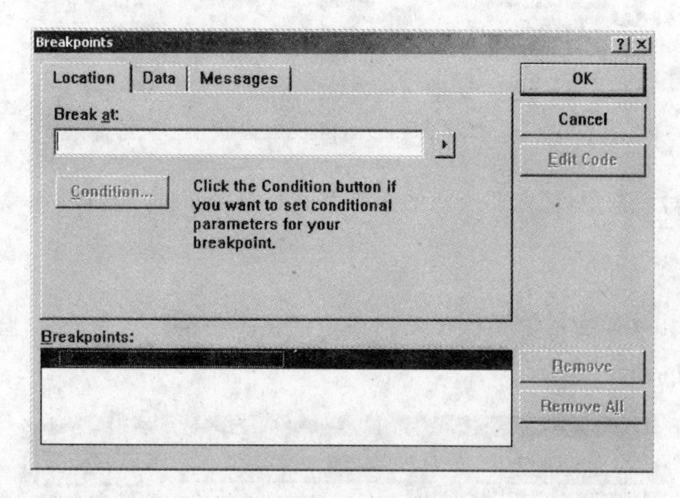

图 B.16　Breakpoints 对话框

在 Breakpoints 对话框中,可以设置、删除、禁止、激活或查看断点,所设置的断点将作为工程的一部分保存起来。

(15) List Members

List Members 命令用于给出一个所选类或结构中合法数据成员或成员函数的列表。

(16) Type Info

Type Info 命令用于显示选中的变量或函数的数据类型。

3. "查看"菜单

"查看"菜单中的选项能够让用户以不同的方式对工作平台中的窗口进行观察,也可以在工作平台上显示各种工具。

(1) 建立类向导(ClassWizard)

选择 ClassWizard 命令，将弹出如图 B.17 所示的 MFC ClassWizard 对话框。

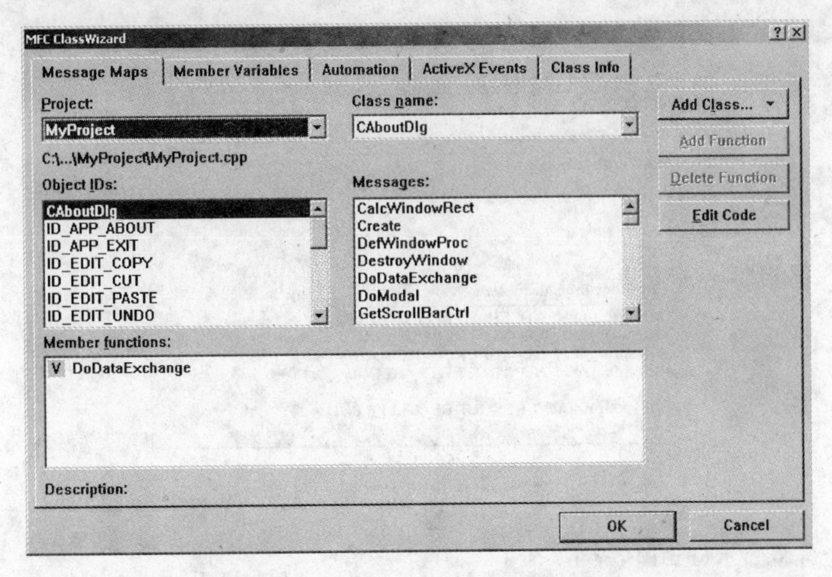

图 B.17 MFC ClassWizard 对话框

在 MFC ClassWizard 对话框中包括 5 个选项卡，它们是程序设计人员的重要助手，使用户能轻松地完成一些常规的工作：如创建新类、定义消息句柄、重载虚函数以及从对话框的控制和视图等对象中集合数据，还能很容易地给对象增加属性、方法和事件。在后面将详细介绍其使用方法。

(2) Resource Symbols

Resource Symbols 命令用于管理程序中的所有符号。执行该命令时会弹出如图 B.18 所示的 Resource Symbols 对话框。在此对话框中可以对符号常量进行修改、添加和删除。但它只能管理由 AppWizard 等可视化工具生成的项目。

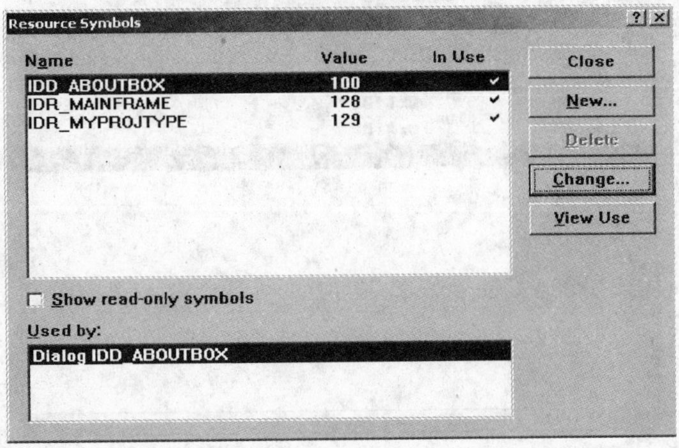

图 B.18 Resource Symbols 对话框

(3) Resource Includes

执行 Resource Includes 命令将弹出如图 B.19 所示的 Resource Includes 对话框，在此对话框中将列出工程中所用的符号头文件及其对应的编译时间伪指令。

图 B.19 Resource Includes 对话框

(4) 全屏幕显示(Full Screen)

Full Screen 命令的作用是将工作区中的当前窗口进行全屏显示。按 Esc 键即可返回。

(5) 工作区(Workspace)

Workspace 命令用于显示工程的工作区窗口。

(6) 输出(Output)

Output 命令用于显示工程的输出窗口。

(7) 调试窗口(Debug Windows)

Debug Windows 命令用于控制调试工具的各种调试窗口在工作平台上的显示。该菜单带有 6 个子菜单命令，只有在调试状态下，这些菜单命令才有效。

- Watch：用于 Debug 过程中激活观察窗口，如图 B.20 所示。在此窗口中增加被观察的项，用于查看被观察项的值。

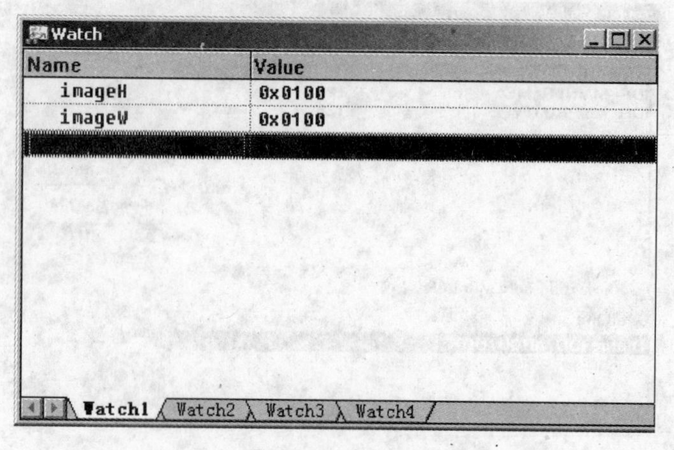

图 B.20 Watch 窗口

- Call Stack：按调用顺序显示程序调用的函数窗口。
- Memory：用于观察程序加载后的内存值。
- Variables：用于查看程序中各变量的值，如图 B.21 所示。

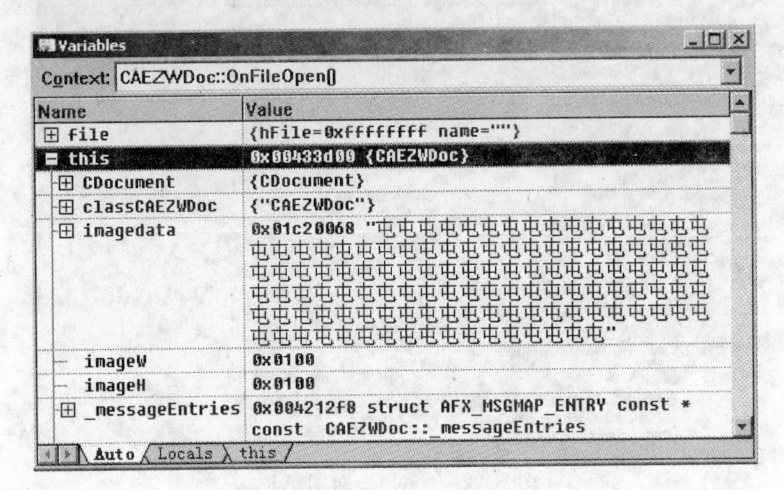

图 B.21 Variables 窗口

- Registers：用于显示当前寄存器的值。
- Disassembly：用于在调试过程中显示程序的汇编代码。

(8) 更新(Refresh)

Refresh 命令用于刷新当前窗口的信息。

(9) 属性(Properties)

Properties 命令用于查看信息查看窗口中对象的属性。对于不同的对象，显示的内容不同。

4. "插入"菜单

"插入"菜单用于向应用程序中插入文件、资源、项目及其他部件。

(1) 新建类(New Class)

New Class 命令用于向工程中加入一新类。执行该命令时会弹出如图 B.22 所示的 New Class 对话框。

(2) 新建形式(New Form)

New Form 命令用于向程序添加新窗体。执行该命令时会弹出如图 B.23 所示的 New Form 对话框。

(3) 资源(Resource)

Resource 命令用于向项目中插入或创建资源。执行该命令时会弹出如图 B.24 所示的 Insert Resource 对话框。插入的资源类型包括加速键、位图、光标、对话框、图标、菜单、工具栏、版本等。选定资源类型后，单击 New 按钮将使用 AppStudio 对资源进行编辑。

(4) 资源拷贝(Resource Copy)

Resource Copy 命令用于创建选定资源的拷贝。执行该命令时会弹出如图 B.25 所示

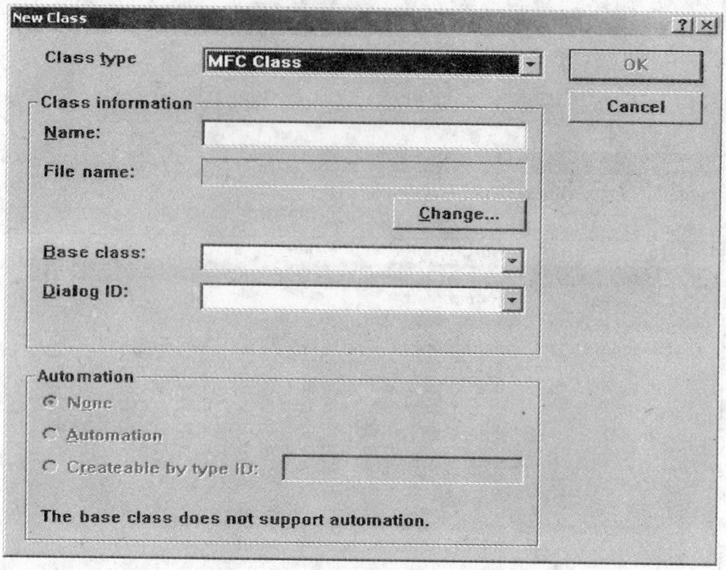

New Class

Class type: MFC Class | OK | Cancel

Class information
Name:
File name:
Change...
Base class:
Dialog ID:

Automation
None
Automation
Createable by type ID:

The base class does not support automation.

图 B.22 New Class 对话框

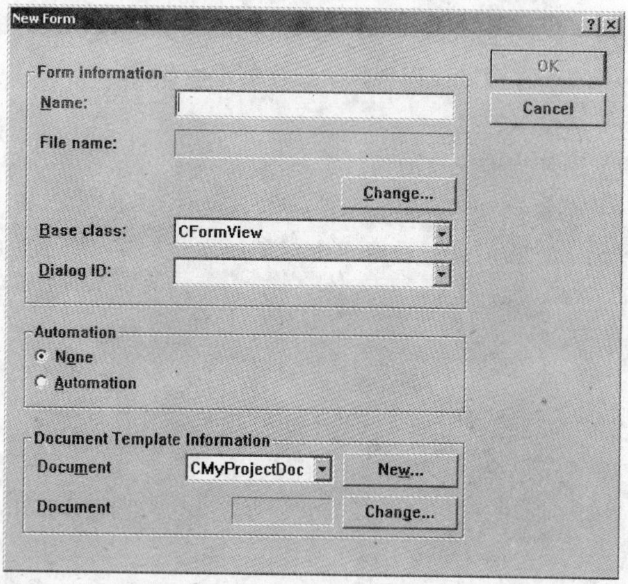

New Form

Form information | OK | Cancel
Name:
File name:
Change...
Base class: CFormView
Dialog ID:

Automation
None
Automation

Document Template Information
Document: CMyProjectDoc | New...
Document | Change...

图 B.23 New Form 对话框

的 Insert Resource Copy 对话框。在此对话框中可以改变选定资源拷贝的“语言(Language)”和“条件(Condition)”。于是程序可以指定哪个语言版本的资源可以编译到可执行文件中去。

(5) 新建 ATL 对象(New ATL Object)

New ATL Object 命令用于向工程中添加新的 ATL 对象。执行该命令时,会激活 ATL Object 向导,如图 B.26 所示。

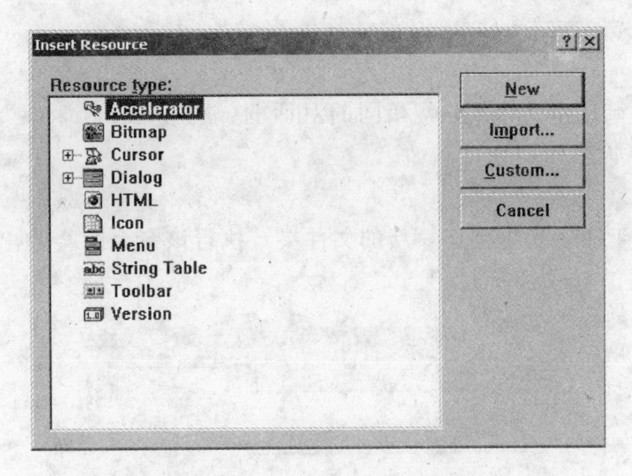

图 B. 24 Insert Resource 对话框

图 B. 25 Insert Resource Copy 对话框

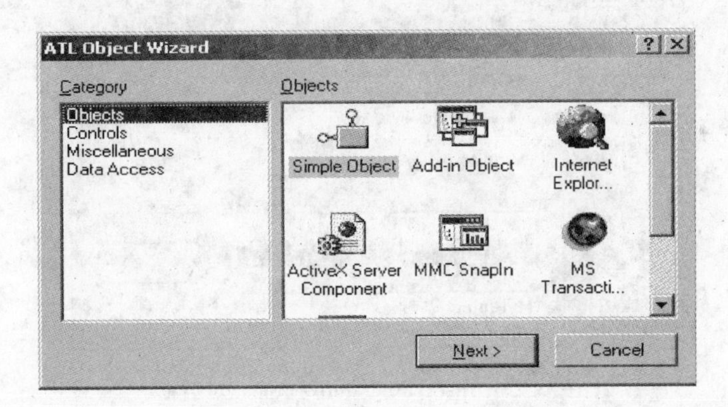

图 B. 26 ATL Object Wizard 工作窗口

5. "工程"菜单(Project)

Project 菜单用于 Visual C++工作台下的项目管理。

(1) 设置活动工程(Set Active Project)

Set Active Project 命令用于设置工作区的活动工程。

(2) 添加工程(Add To Project)

Add To Project 命令用于向项目中添加新的文件、ActiveX 控件和 VC 的通用控件等。此菜单包括 New、New Folder、Files、Data Connection 和 Components and Controls 等 5 个

子菜单命令。

(3) New

该菜单命令将调用和File|New相同的对话框(缺少Workspaces标签),并使Add to Project框处于被选状态。

① New Folder

该菜单命令用于在工程中创建一新的文件夹。执行该命令时会弹出如图B.27所示的New Folder对话框。

图B.27 New Folder对话框

② Files

该菜单命令用于向工程中添加文件。执行该命令时会弹出如图B.28所示的Insert Files into Project对话框。在此对话框中可以选择要添加的文件名、文件类型以及要将所选定的文件添加到哪一个工程。

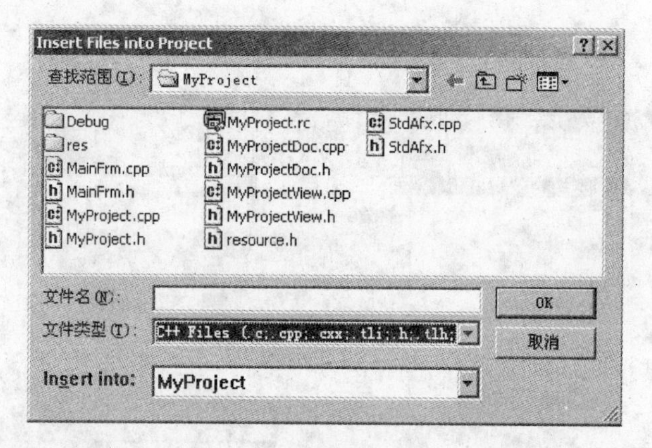

图B.28 Insert Files into Project对话框

③ Data Connection

该菜单命令用于设定工程的数据源。

④ Components and Controls

该菜单命令用于向工程中插入组件或对象。

(4) 从属性(Dependencies)

Dependencies命令用于显示并编辑项目中文件的依赖关系。

(5) 设置(Settings)

Settings命令用于对项目的编译、链接模式、输入/输出文件目录等进行设置。执行该命令时会弹出如图B.29所示的Project Settings对话框。该对话框中有10个选项卡。

① General 选项卡(图 B.29)

在 General 选项卡下,能改变静态的和 AppWizard 创建工程时建立的共享 DLL 选项,同时改变中间文件和输出文件所在的目录,如源文件和 Obj 文件,输出文件为 EXE、DLL、OCX 文件。

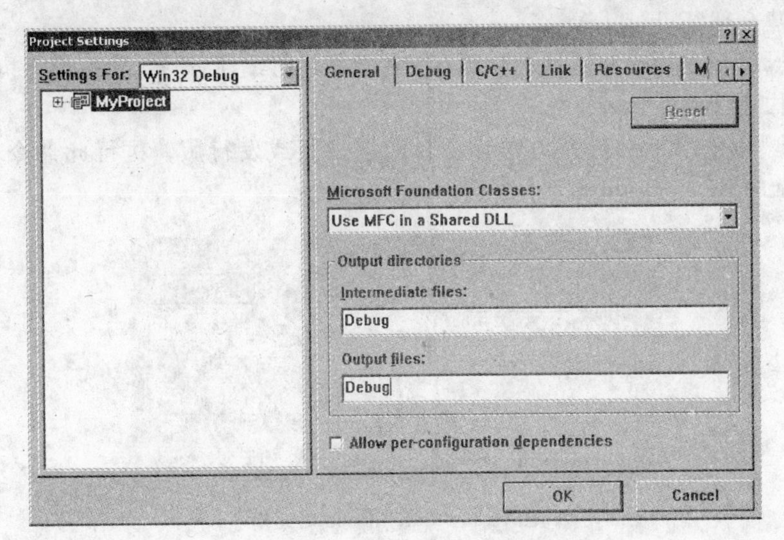

图 B.29 Project Settings 对话框

② Debug 选项卡

在 Debug 选项卡下,能设置调试选项。

③ C/C++选项卡

在 C/C++选项卡下,可以对编译器进行一些设置。

④ Link 选项卡

在 Link 选项卡下,可以设置一些链接选项。

⑤ Resources 选项卡

在 Resources 选项卡下,能修改应用程序所使用的语言,也能选择编译到应用程序中的资源。

(6) 输出 makefile 文件(Export Makefile)

Export Makefile 命令用于输出 makefile 文件,生成的 MAK 文件记录了项目编译链接的基本信息,包括项目中有哪些文件、相互的依赖关系等。

(7) 插入工程到工作区(Insert Project Into Workspace)

Insert Project Into Workspace 命令用于向当前工作区中插入项目。

6. "编译"菜单(Build)

Build 菜单用于项目的编译、链接、应用程序的调试等。

(1) 编译(Compile)

"编译"命令用于编译当前工作区的 C 或 C++文件,以生成目标代码。编译过程中的相关信息(编译结果、错误信息)将在信息输出窗口中显示。

(2) 构件(Build)

"构件"命令用于对项目进行编译、链接,生成可执行文件。可执行文件分为两种版本:一种为调试版(Debug),其中包括一些调试信息,文件较大,运行速度慢;另一种为发行版(Release),其中的代码经过优化,文件紧凑,运行速度快。

(3) 重建全部(Rebuild All)

"重建全部"命令用于对项目中的所有文件重新进行编译、连接,并生成可执行文件。

(4) 批构建(Batch Build)

"批构建"命令用于有选择地构建项目的调试版或发行版。执行此命令时会弹出如图 B.30 所示的 Batch Build 对话框。

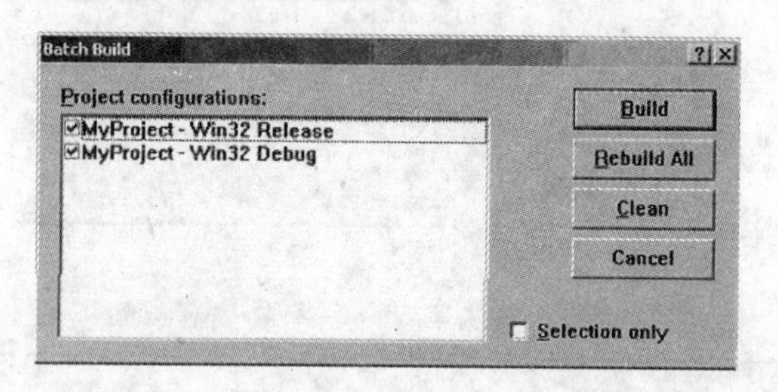

图 B.30　Batch Build 对话框

(5) 清洁(Clean)

"清洁"命令用于删除指定 Build 模式生成的临时文件和输出文件。

(6) 开始调试(Start Debug)

"开始调试"命令用于调试。它包括如下 4 个子菜单命令。

- Go:此命令将程序运行到断点或一直到程序结束,其间可设置多个断点。在断点处,Build 菜单将变为 Debug 菜单,直至选 Stop Debug,平台回到原来状态。
- Step Into:此命令用于单步执行程序。
- Run to Cursor:此命令用于将程序执行到光标处。
- Attach to Process:此命令用于启动一个系统进程观察器,通过它可以了解系统中正在运行的进程,可对其进行跟踪。

(7) 调试程序远程连接(Debugger Remote Connection)

"调试程序远程连接"命令用于对远程过程进行调试。

(8) 执行(Execute)

"执行"命令用于执行编译、链接后生成的可执行文件。若文件未编译、链接或源文件修改后未编译、链接,则系统会提示是否要先进行编译和链接。

(9) 放置可运行配置(Set Active Configuration)

"放置可运行配置"命令用于设置输出文件的模式是调试版或发行版。

(10) 配置(Configurations)

"配置"命令用于对项目的编译或链接配置进行添加或删除操作。

(11) 简档(Profile)

"简档"命令用于检查应用程序的执行情况。

7."调试"菜单(Debug)

Debug 菜单用于应用程序的调试。只有在 Build 菜单中选择了 Start Debug 命令，Debug 菜单才会出现，同时 Build 菜单消失。

(1) Go

Go 命令用于将程序运行到断点或一直到程序结束，其间可设置多个断点。在断点处，Build 菜单将变为 Debug 菜单，直至选择 Stop Debug，平台回到原来状态。

(2) Restart

Restart 命令用于重新运行程序。如果创建程序时使用了 Debug 状态命令，那么 Restart 命令将使程序运行到 main 或 WinMain 函数处。

(3) Stop Debugging

Stop Debugging 命令用于停止调试，即退出调试状态。此时 Debug 菜单消失，Build 菜单出现。

(4) Break

Break 命令用于强制终止程序的执行。比如当程序中出现死循环时，可用此命令终止程序的执行。

(5) Apply Code Change

Apply Code Change 命令能使对源代码的改变在调试过程中直接生效，而不退出调试状态重新编译。

(6) Step Into

Step Into 命令用于单步执行程序，并能跟踪到该语句所调用的函数内部中去。

(7) Step Over

Step Over 命令用于单步执行程序，但不能跟踪到该语句所调用的函数内部中去。

(8) Step Out

Step Out 命令用于从跟踪到的函数内部处跳出。

(9) Run to Cursor

Run to Cursor 命令用于将程序执行到光标处。

(10) Step Into Specific Function

Step Into Specific Function 命令用于进入某一指定函数的内部，查看其运行情况。

(11) Exceptions

Exceptions 命令用于显示各种异常，并设置程序对异常是否停止。执行该命令时会弹出如图 B.31 所示的 Exceptions 对话框。

(12) Threads

Threads 命令用于显示当前应用程序的所有线程。执行该命令时会弹出如图 B.32 所示的 Threads 对话框。在此对话框中，可以挂起或恢复某个线程。

(13) Modules

Modules 命令用于显示当前应用程序中的所有模块名称、内存地址、文件路径以及顺序。执行该命令时会弹出如图 B.33 所示的 Module List 对话框。

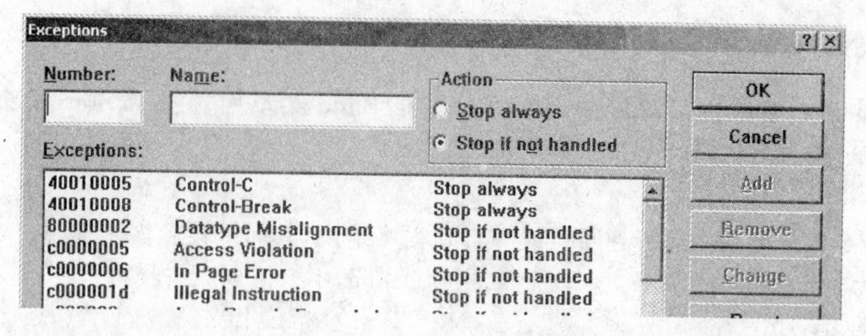

图 B. 31 Exceptions 对话框

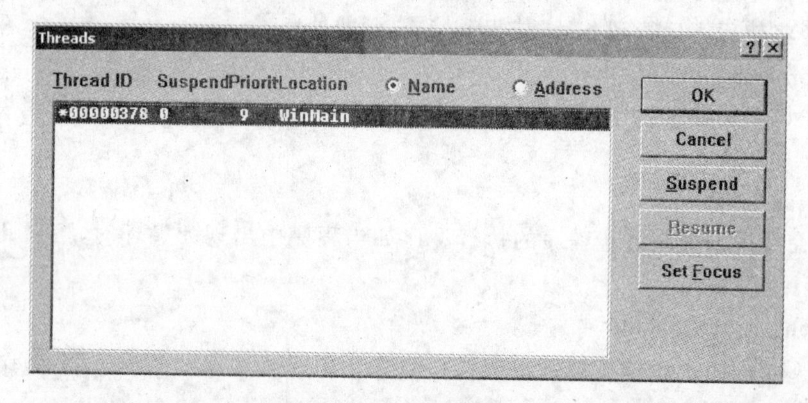

图 B. 32 Threads 对话框

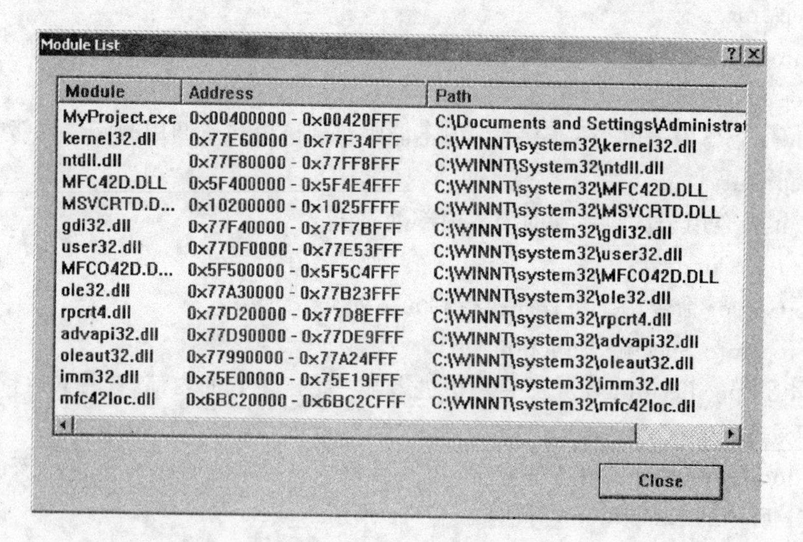

图 B. 33 Module List 对话框

(14) Show Next Statement

Show Next Statement 命令用于显示下一条语句。

(15) QuickWatch

QuickWatch 命令用于观察变量表达式的值。执行该命令时,会弹出如图 B. 34 所示的 QuickWatch 对话框。在编辑框中输入变量表达式,可以得到它的当前值。

8. “工具”菜单(Tools)

Tools 菜单用于设置 Visual C++的 IDE 的工具栏以及 VC 的附加调试工具。

(1) 来源浏览器(Source Browser)

Source Browser 命令用于浏览用户符号在源文件中定义和引用的位置。执行该命令时会弹出如图 B.35 所示的 Browse 对话框。执行该命令时,若未建立浏览库,则系统提示是否建立,确认后将建立一个后缀为 bsc 的文件。

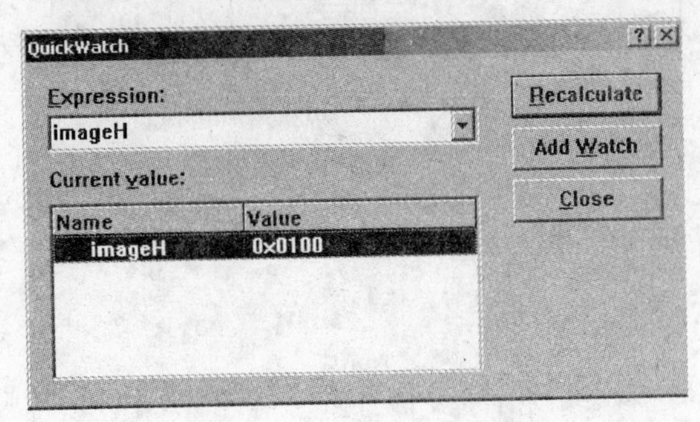

图 B.34　QuickWatch 对话框

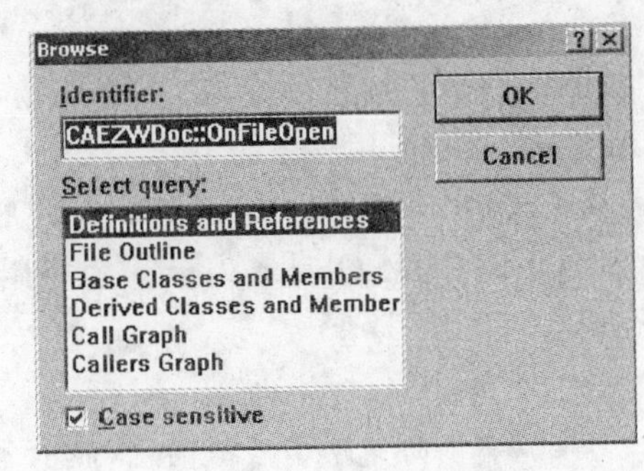

图 B.35　Browse 对话框

(2) 结束来源浏览器文件(Close Source Browser File)

由于 Source Browser 命令要建立一个后缀为 bsc 的文件,Close Source Browser File 命令用于关闭 Browse 信息文件。

(3) Visual Component Manager

Visual Component Manager 命令用于可视化组件管理。执行该命令时会弹出如图 B.36 所示的可视化组件管理器,它可以极大地方便各种组件的应用。

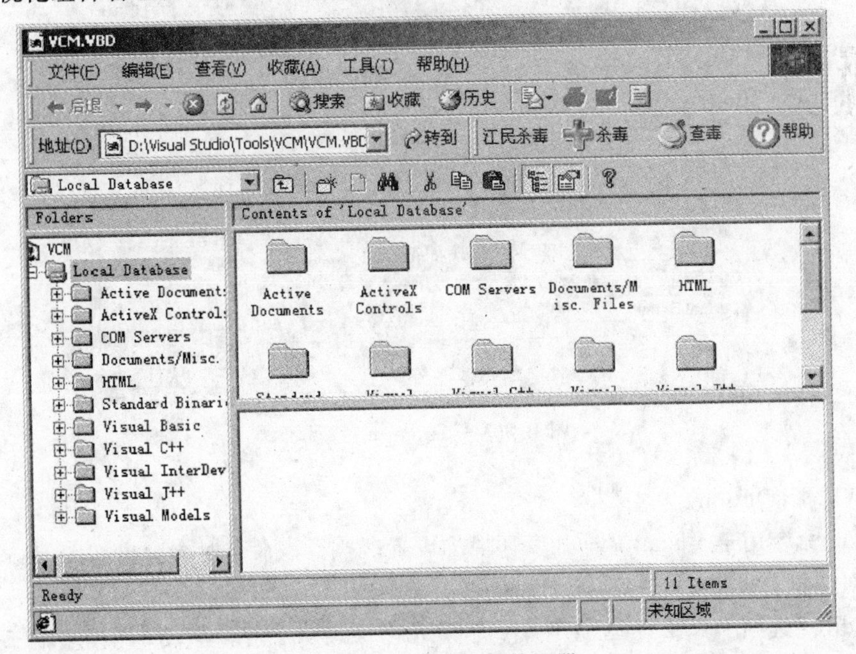

图 B.36　可视化组件管理器

(4) Register Control

Register Control 命令用于向 Windows 操作系统注册 OLE 控件。

(5) Error Lookup

Error Lookup 命令用于检查 Win32 API 函数返回的标准错误代码信息。执行该命令时会弹出如图 B.37 所示的 Error Lookup 对话框。

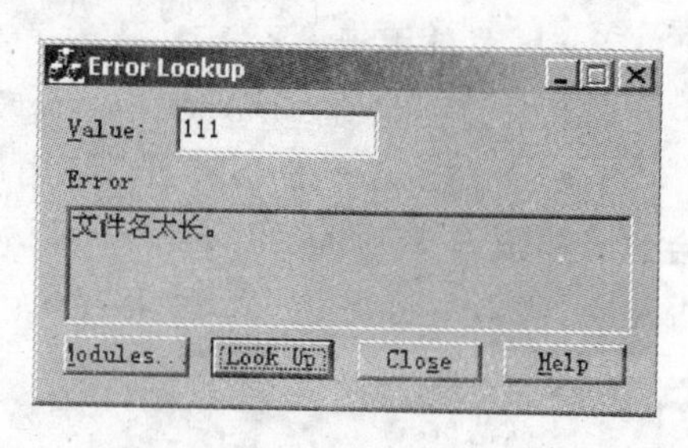

图 B.37 Error Lookup 对话框

(6) ActiveX Control Test Container

ActiveX Control Test Container 命令为测试 ActiveX 控件提供一个简单的环境,并可以测试 ActiveX 容器应用程序的工作。

(7) OLE/COM Object Viewer

OLE/COM Object Viewer 命令用于提供安装在系统上的所有 OLE 和 Active 对象的信息。

(8) Spy++

Spy++命令用于跟踪消息,显示系统中的进程、线程等重要信息。

(9) MFC Tracer

MFC Tracer 命令用于跟踪 MFC 调试位置,用此命令可以设置跟踪选项。

(10) 定制(Customize)

Customize 命令用于设置用户工作台。执行该命令时会弹出如图 B.38 所示的 Customize 对话框。通过此对话框可以对界面的工具栏、Tools 菜单中的调试工具组、菜单命令的快捷键等进行设置。

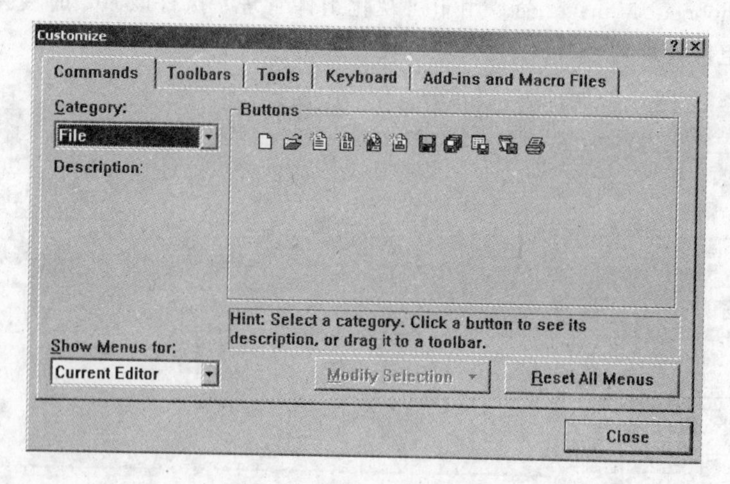

图 B.38 Customize 对话框

(11) 选择(Option)

Option 命令用于 Visual C++开发环境的设置。执行该命令时会弹出如图 B.39 所示的 Options 对话框。此对话框包括如下几个选项卡。

- Editor 选项卡:在该选项卡中,能够选择滚动条,能够拖动,并设置自动保存和加载。

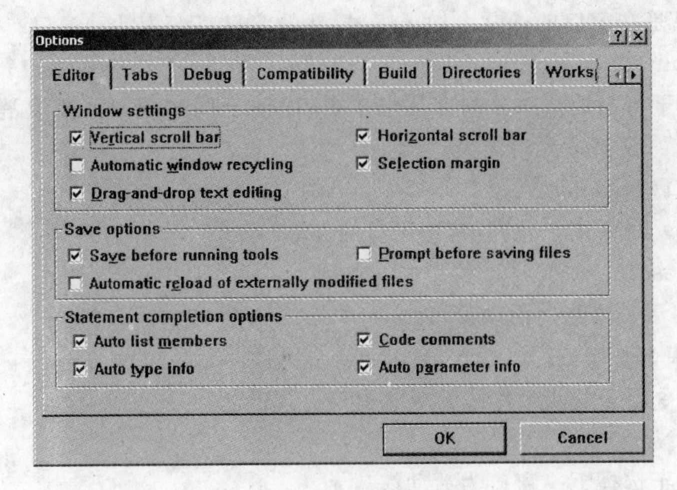

图 B.39 Options 对话框

- Tabs 选项卡：在该选项卡中，能够设置与 Tab 键、缩进相关的选项。
- Debug 选项卡：在该选项卡中，能够设置在调试过程中所显示的信息。
- Compatibility 选项卡：在该选项卡中，能够让用户选择模拟其他编辑器或编辑器界面的一部分。
- Build 选项卡：在该选项卡中，能够生成一个外部编译文件或者一个编译日志。
- Directories 选项卡：在该选项卡中，能够设置包含文件、可执行文件和源文件的目录。
- Workspace 选项卡：在该选项卡中，能够设置 Docking 窗口、状态栏和工程重新加载。
- Data View 选项卡：在该选项卡中，能够设置 Data View 的显示。
- Macros 选项卡：在该选项卡中，能够设置重新加载一个修改宏的规则。
- Help System 选项卡：在该选项卡中，能够设置帮助系统的语言和集合。
- Format 选项卡：在该选项卡中，能够设置色彩体系，包括对源文件和其他窗口的语法着色方法。

(12) 宏(Macro)

Macro 命令用于创建和编辑宏文件。执行该命令时会弹出 Macro 对话框。在此对话框中，可以进行宏的录制、编辑、运行等操作。

(13) 记录高速宏(Record Quick Macro)

Record Quick Macro 命令用于录制一次性的宏命令，不用给宏命令起名字。

(14) 播放高速宏(Play Quick Macro)

Play Quick Macro 命令用于执行由 Record Quick Macro 命令录制的宏命令。

9. "窗口"菜单(Window)

Window 菜单主要用于窗口的管理。

(1) 新建窗口(New Window)

New Window 命令用于为编辑区中的当前活动窗口复制一个新的窗口，新窗口的内容与原来的一样，只是在窗口的标题上加了序号，新的窗口将变为活动窗口。

(2) 拆分(Split)

Split 命令用于将当前窗口分割为几个子窗口，便于同时观察。要取消拆分，可拖拉窗格边界到窗口边缘，窗格边界将消失。

(3) 还原窗口(Docking View)

Docking View 命令用于允许/禁止窗口的停靠特征。

(4) 结束(Close)

Close 命令用于关闭当前活动窗口。

(5) 全部结束(Close All)

Close All 命令用于关闭工作区的所有窗口。

(6) 前窗口(Next)

Next 命令用于选择下一窗口为活动窗口。

(7) 后窗口(Previous)

Previous 命令用于选择上一窗口为活动窗口。

(8) 层叠窗口(Cascade)

Cascade 命令用于层叠排列窗口。

(9) 横向平铺窗口(Tile Horizontally)

Tile Horizontally 命令用于水平排列窗口。

(10) 纵向平铺窗口(Tile Vertically)

Tile Vertically 命令用于垂直排列窗口。

(11) 窗口资源(Windows)

Windows 命令用于窗口的管理。执行该命令时会弹出如图 B.40 所示的 Windows 对话框。在此对话框中，可以关闭、保存或激活选中的窗口。

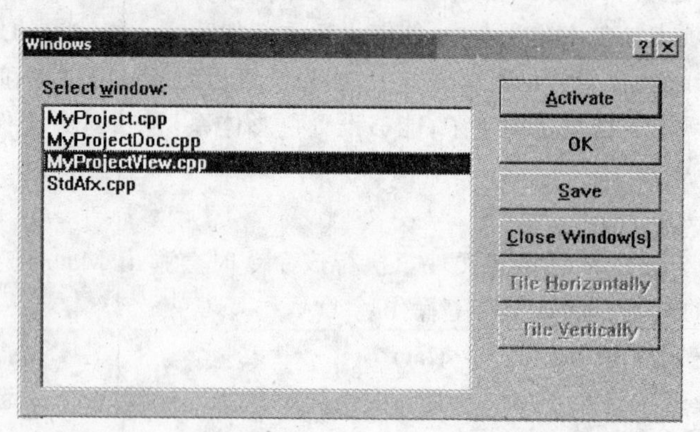

图 B.40 Windows 对话框

10. “帮助”菜单(Help)

Help 菜单用于提供各种浏览工具、检索工具，以帮助用户查阅 Visual C++的帮助信息和技术支持文档。

(1) 帮助目录(Contents)

Contents 命令用于打开 MSDN Library 帮助系统,并进入其中的“目录”选项卡。

(2) 搜索(Search)

Search 命令用于打开 MSDN Library 帮助系统,并进入其中的“搜索”选项卡。

(3) 索引(Index)

Index 命令用于打开 MSDN Library 帮助系统,并进入其中的“索引”选项卡。

(4) 应用扩展帮助(Use Extension Help)

Use Extension Help 命令用于启动扩充帮助系统,而禁止 MSDN Library 帮助系统。

(5) 快捷键图表(Keyboard Map)

Keyboard Map 命令用于查看各种菜单命令和各种编辑状态下的快捷键。执行该命令时会弹出如图 B.41 所示的 Help Keyboard 对话框。这里只能查看,不能修改。

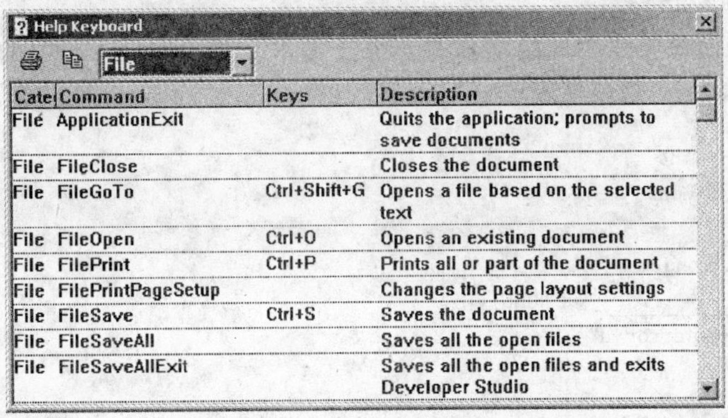

Help Keyboard

File

Cate	Command	Keys	Description
File	ApplicationExit		Quits the application; prompts to save documents
File	FileClose		Closes the document
File	FileGoTo	Ctrl+Shift+G	Opens a file based on the selected text
File	FileOpen	Ctrl+O	Opens an existing document
File	FilePrint	Ctrl+P	Prints all or part of the document
File	FilePrintPageSetup		Changes the page layout settings
File	FileSave	Ctrl+S	Saves the document
File	FileSaveAll		Saves all the open files
File	FileSaveAllExit		Saves all the open files and exits Developer Studio

图 B.41 Help Keyboard 对话框

(6) 开始时的提示(Tip of the Day)

Tip of the Day 命令用于显示 Tip of the Day 提示框。

(7) 技术支持(Technical Support)

Technical Support 命令用于通过 Internet 得到 Microsoft 所提供的技术支持。

(8) Microsoft 在线(Microsoft on the Web)

Microsoft on the Web 命令用于列出 Developer Studio 和其他产品的 Web 地址列表。

(9) 关于 Visual C++(About Visual C++)

About Visual C++命令用于显示 Visual C++的版本信息。

附录C 重庆市计算机等级考试C语言上机考试题（共100分）

1．(35分)编写程序判定输入的正整数是否是“回文数”，所谓“回文数”是指正读反读都相同的数，如：123454321。

2．(35分)下面程序要实现的功能是：统计文本文件 fname.txt 中的字符个数。请输入并填空完成程序。

```
#include<stdio.h>
#include<stdlib.h>
void main()
{   FILE *fp; long num = 0L;
if(______①______ == NULL)
{   printf("Open error\n");
    exit(0);
}
while(____②____)
{  fgetc(fp);
   num++;
}
printf("num = %ld\n",num - 1);
______③______ ;
}
```

3．(30分)下面程序中，函数 fun()的功能是逐个比较 s、t 两个字符串对应位置中的字符，把 ASCII 值大或相等的字符依次存放到 a 数组中。请输入程序并改正程序中带 * 的行中的错误，使它能够正确地输出结果。

```
    #include<stdio.h>
    void fun(char *s,char *t,char *a)
    {
*       int k;
        for(;*s&&*t;)
        {
        if(*s<= *t)
            a[k] = *t;
        else
            a[k] = *s;
        if(*t&&*s)
*           s--,t--;
```

```
        k++;
      }
    a[k] = '\0';
  }
  void main()
  {     char s[15] = "fsGAD123",t[15] = 'sdAood',a[20];
        fun(s,t,a);
        puts(a);
  }
```

参 考 答 案

1. 参考程序:

```
#include< stdio.h>
void main()
{
    int n,m,r = 0;
    printf("Input a number:");
    scanf(" %d",&n);
    m = n;
    while(m)
    {
        r = r * 10 + m % 10;
        m/= 10;
    }
    if(n== r)
        printf(" %d is a palindrome number. Reverse = %d.\n",n,r);
    else
        printf(" %d is no a palindrome number. Reverse = %d.\n",n,r);
}
```

2.

① (fp = fopen("fname.txt","r"))

② ! feof(fp)

③ fclose(fp)

3.

```
int k = 0;
s++,t++;
char s[15] = "fsGAD123",t[15] = "sdAood",a[20];
```

主教材习题参考答案

习题 1 参考答案

一、选择题

1	2	3	4	5	6	7	8	9	10
C	A	B	A	D	C	B	D	D	CD
11	12	13	14						
D	A	B	C						

二、判断题

1	2	3	4	5	6	7	8	9	10
√	√	√	×	√	√	√	√	×	×

三、简答题

略。

习题 2 参考答案

一、单选题

1	2	3	4	5	6	7	8	9	10
A	A	C	C	D	A	D	B	A	C
11	12	13	14	15	16	17	18	19	20
D	B	D	B	C	D	D	B	C	B
21									
B									

二、判断题

1	2	3	4	5	6	7	8	9	10
×	×	√	√	×	×	×	√	√	×
11	12	13	14	15					
×	√	√	√	×					

三、填空题

1	2	3	4	5	6
97	变量初始化	符号常量(无参宏)	double	6.5	5,6
7	8	9	10	11	12
0	18	30	100	0	5
13	14	15	16		
b	13	6	n1=%d\nn2=%d		

四、

1	2	3	4	5	6	7	8	9	10
B	C	A	D	D	D	B	B	A	D
11	12	13	14						
A	B	C	C						

习题3参考答案

一、简答题

略。

二、单项选择题

1	2	3	4	5	6	7	8	9
D	B	C	A	B	D	B	C	C

三、看程序画框图

1.

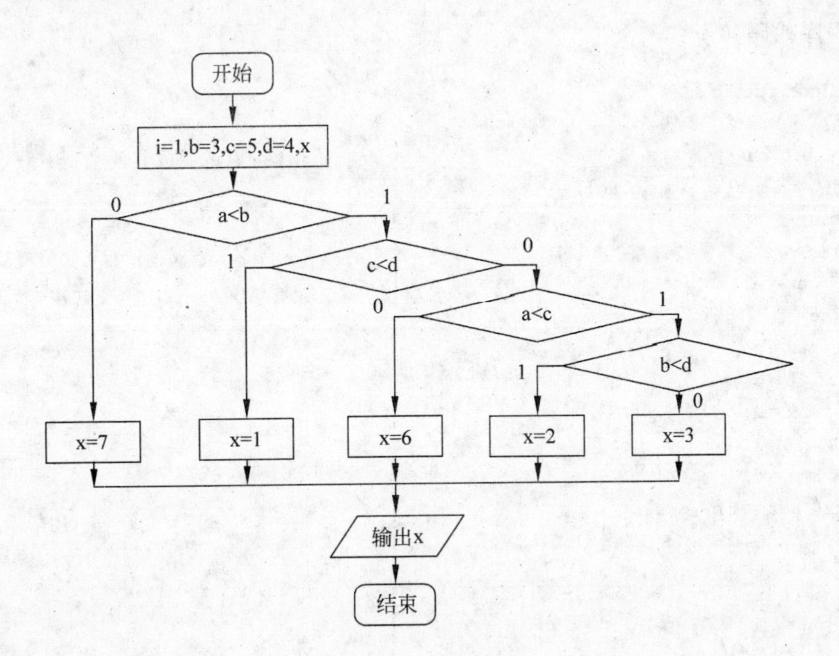

2.

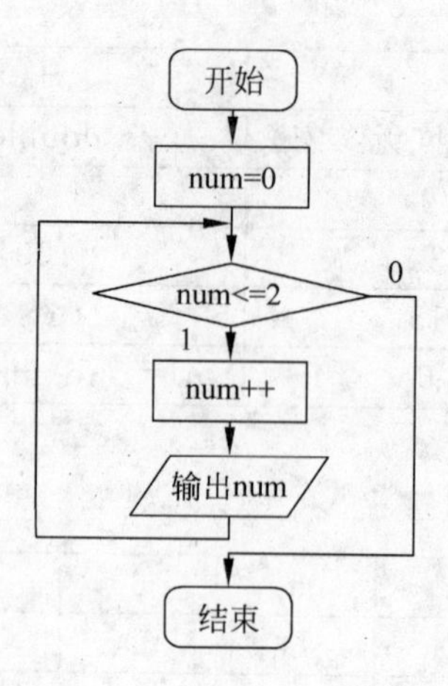

四、看框图写程序

1. 程序代码如下：

```
#include <stdio.h>
main()
{  int s;
   float n,t,pi;
   t = 1;pi = 0;n = 1.0;s = 1;
   while(fabs(t)> 1e - 6)
       {pi = pi + t;n = n + 2;
         s = - s;t = s/n;
       }
         pi = pi * 4;
         printf("pi = %10.6f\n",pi);
}
```

2. 程序代码如下：

```
#include <stdio.h>
main()
{int a,b,c,max;                                    /* 也可以说明成其他类型 */
scanf("%d%d%d",&a,&b,&c);
if(a > b)
    if(a > c)
        max = a;
    else
        max = c;
else if (b > c)
        max = b;
else
        max = c;
printf("max = %d",max);
}
```

五、程序阅读

1	2	3
−1	$ $ $	8910
4	5	6
x>3 x unknow	t=3	6
7		
n=0		

六、编程题

1. 程序如下：

```
#include<stdio.h>
main(){
int x;
printf("请输入一个整数：");
scanf("%d",&x);
if(x%2==0)
    printf("%d是偶数\n",x);
else printf("%d是奇数\n",x);
}
```

2. 程序如下：

```
main(){
int x,y;
scanf("%d",&x);
if(x<-1)
   {y=x;
   printf("x=%3d, y=x=%d\n",x,y);}
else if(x<=1)
   {y=2*x-1;
   printf("x=%3d, y=2*x-1=%d\n",x,y);
   }
else
   { y=2*x+1;
   printf("x=%3d, y=2*x+1=%d\n",x,y);
   }
}
```

3. 程序如下：

```
#include<stdio.h>
main()
{char c;
int letter=0,space=0,digit=0,other=0;
printf("请输入一行字符：\n");
while((c=getchar())!='\n')
```

```
{if(c>='a'&&c<='z'||c>='A'&&c<='Z')
letter++;
        else if(c==' ')
space++;
        else if(c>='0'&&c<='9'
          )
digit++;
        else
          other++;
}
printf("字母数 = %d,空格数 = %d,数字数 = %d,其他字符数 = %d\n",letter,space,digit,
other);
}
```

4. 程序如下：

```
#include<stdio.h>
main()
{float s=0,t=1;
 int n;
 for(n=1;n<=20;n++)
   {t=t*n;
   s=s+t;
}
printf("1!+2!+3!+…+20!=%e\n",s);
}
```

5. 程序如下：

(1)

```
 #include<stdio.h>
void main()
{
    int i,j,k;
        for(i=0;i<=3;i++)
    {
       for(j=0;j<=i;j++)
           printf(" ");
       for(k=0;k<=7;k++)
           printf("*");
       printf("\n");
    }

}
```

(2)

```
#include<stdio.h>
void main()
{
    int i,j,k;
        for(i=0;i<=3;i++)
```

```
    {
        for(j = 0;j <= i;j++)
            printf(" ");
        for(k = 0;k <= 6 - 2 * i;k++)
            printf(" * ");
        printf("\n");
    }
}
```

习题 4 参考答案

一、单项选择题

1	2	3	4	5	6	7	8	9	10
B	A	A	C	B	C	D	D	C	B
11	12	13	14						
C	C	C	C						

二、分析下面程序的运行结果

1	2	3	4	5
30,20,10	5,25	8,17	84	012345
6	7	8	9	10
6 15 15	15	7 5	9.000000	max is 2

三、编写程序题

1. 参考程序

```
#include <stdio.h>
int fun(int n)
{
    int sum = 0;
    while(n)
    {
        sum = sum + n % 10;
        n = n/10;
    }
    return sum;
}
void main ()
{
    int x,s;
    scanf(" % d",&x);
    s = fun(x);
    printf(" % d\n",s);
}
```

2. 参考程序

```
#include <stdio.h>
void fun(char ch, int start, int num)
{
    int j, k;
    for(j = 0; j < start; j++)
        printf (" ");
    for (k = 0; k < num; k++)
        printf("%c",ch);
    printf("\n");
}
void main ()
{
    int i;
    for(i = 0; i < 5; i++)
        fun('*',10 + i,10);
}
```

3. 参考程序

```
#include <stdio.h>
long fact(int n)
{
    int i;
    long p = 1L;
    for(i = 1;i <= n;i++)
        p = p * i;
    return p;
}
void main()
{
    int m,n,zuhe;
    scanf("%d%d",&m,&n);
    while(m < n)
    {
        printf("请重新输入: ");
        scanf("%d%d",&m,&n);
    }
    zuhe = fact(m)/(fact(n) * fact(m - n));
    printf("C(%d,%d) = %d\n",m,n,zuhe);
}
```

4. 参考程序

```
#include <stdio.h>
int fun(int n)
{
    int k = 0;
    while(n)
    {
        k = 10 * k + n % 10;
```

```
        n = n/10;
    }
    return k;
}
void main()
{
    int i;
    scanf("%d",&i);
    printf("%d\n",fun(i));
}
```

5. 参考程序

```
#include <stdio.h>
#define EXCHANGE(a,t,b) t = a,a = b,b = t
void main()
{
    int m,n,temp;
    scanf("%d%d",&m,&n);
    EXCHANGE(m,temp,n);
    printf("m = %d,n = %d\n",m,n);
}
```

习题5参考答案

一、单项选择题

1	2	3	4	5	6	7	8	9	10
B	D	C	D	A	A	B	D	B	D
11									
B									

二、按要求分析下面程序或程序段

1	2	3	4	5	6	7
f	将数组元素按从大到小排序	−4 0 4 4 3	abcde	XYZ9876	10	3

三、编写程序题

1. 参考程序

```
#include <stdio.h>
#define N 10
void main()
{
    int i,a[N],sum = 0;
    float ave;

    for(i = 0; i < N;i++)                        /* 输入数据 */
        scanf("%d",&a[i]);
```

```
    for(i = 0; i < N;i++)                               /* 求和 */
        sum += a[i];
    ave = (float)sum/N;                                 /* 求平均 */
    printf("\n%5.2f\n", ave);

    for(i = 0; i < N;i++)                               /* 找小于平均的数 */
        if(a[i]< ave)
            printf(" %d ",a[i]);
}
```

2. 参考程序

```
#include <stdio.h>
void main( )
{
    int i,Fib[20];

    Fib[0] = Fib[1] = 1;
    for(i = 2; i < 20;i++)
        Fib[i] = Fib[i - 1] + Fib[i - 2];

    for(i = 0; i < 20;i++)                              /* 输出数据,每行输出5个 */
    {
        printf("%7d",Fib[i]);
        if((i + 1) % 5== 0)
            printf("\n");
    }
}
```

3. 参考程序

```
#include <stdio.h>
void main( )
{
    char str[80];
    int i,num[5] = {0,0,0,0,0};

    gets(str);
    i = 0;
    while(str[i]!= '\0')
    {
        if(str[i]> = 'A' && str[i]<= 'Z')               /* 大写字母 */
            num[0]++;
        else if(str[i]> = 'a' && str[i]<= 'z')          /* 小写字母 */
            num[1]++;
        else if(str[i]> = '0' && str[i]<= '9')          /* 数字字符 */
            num[2]++;
        else if(str[i]== ' ')                           /* 空格 */
            num[3]++;
        else
            num[4]++;                                   /* 其他字符 */
```

```
        i++;
    }
    printf("大写字母个数: %d\n",num[0]);
    printf("小写字母个数: %d\n",num[1]);
    printf("数字字符个数: %d\n",num[2]);
    printf("空格个数: %d\n",num[3]);
    printf("其他字符个数: %d\n",num[4]);
}
```

4. 参考程序

```
#include <stdio.h>
#define N 10
void main( )
{
    int a[N],i,temp;

    for(i=0;i<N;i++)
        scanf("%d",&a[i]);

    for(i=0;i<N/2;i++)
    {
        temp=a[i];
        a[i]=a[N-1-i];
        a[N-1-i]=temp;
    }
    for(i=0;i<N;i++)
        printf("%d ",a[i]);
}
```

习题 6 参考答案

一、单项选择题

1	2	3	4	5	6	7	8	9	10
D	A	B	D	B	D	D	B	D	C
11	12								
A	C								

二、按要求分析下面程序或程序段

1	2	3	4	5	6	7
4338036,4338040,3,3,3 4325420,97,d,de,abcde	a=0 b=7	−1	−5, −12, −7	8,4	15	the

三、编写程序题

1. 参考程序

```
#include <stdio.h>
```

```
#define N 10
void main()
{
     int i,a[N], * p,sum = 0;
     float ave;

     p = a;
     for(i = 0; i < N;i++)                              /* 输入数据 */
          scanf(" %d",p + i);

     for(i = 0; i < N;i++)                              /* 求和 */
          sum += * (p + i);
     ave = (float)sum/N;                                /* 求平均 */
     printf("\n %5.2f\n", ave);

     for(i = 0; i < N;i++)                              /* 找小于平均的数 */
          if( * (p + i)< ave)
               printf(" %d", * (p + i));
}
```

2. 参考程序

```
#include < stdio.h >
void main()
{
     int i,Fib[20], * p;

     p = Fib;
     * (p + 0) = 1;
     * (p + 1) = 1;
     for(i = 2; i < 20;i++)
          * (p + i) = * (p + i - 1) + * (p + i - 2);

     for(i = 0; i < 20;i++)                             /* 输出数据,每行输出 5 个 */
     {
          printf(" %7d", * (p + i));
          if((i + 1) % 5== 0)
               printf("\n");
     }
}
```

3. 参考程序

```
#include < stdio.h >
#define N 10
void main()
{
     int a[N], * p1, * p2,temp;

     p1 = a;
     p2 = a + N - 1;
     for(p1 = a;p1 < a + N;p1++)
```

```
        scanf("%d",p1);
    p1 = a;
    while(p1 < p2)
    {
        temp = *p1;
        *p1 = *p2;
        *p2 = temp;
        p1++,p2--;
    }
    for(p1 = a;p1 < a + N;p1++)
        printf("%d", *p1);
}
```

4. 参考程序

```
#include <stdio.h>
void main()
{
    char str[80],ch;
    int i;
    gets(str);

    i = 0;
    while((ch = str[i])!= '\0')
    {
        if(ch >= 'A' && ch <= 'Z')
            str[i] += 32;
        else if(ch >= 'a' && ch <= 'z')
            str[i] -= 32;
        i++;
    }
    puts(str);
}
```

5. 参考程序

```
#include <stdio.h>
void Mycopy(char str[],int m,char str1[])
{
    char *p, *q;

    p = str + m - 1;
    q = str1;
    while( *p!= '\0')
    {
        *q++ = *p++;
    }
    *q = '\0';
}
void main()
{
    char str[80],str1[80];
```

```
    int m;
    gets(str);
    scanf(" % d",&m);
    Mycopy(str,m,str1);
    puts(str1);
}
```

习题7参考答案

一、判断题

1. 错　2. 错　3. 错　4. 对　5. 错

二、填空题

1. (* p).a 和 p->a　2. 8

三、单项选择题

1. C　2. D　3. B　4. C　5. C　6. B

四、编写程序题

1.

```
#include"stdio.h"
struct sd
{
int num;
char * name;
float score;}temp,boy[4] = {
{10101,"chen gong",88},
{10102,"wang ping",66},
{10103,"shang fang",90},
{10104,"Cheng gang",77},
};
void main()
{
int i;
temp = boy[0];

for(i = 1;i < 4;i++)
{
if(boy[i].score > temp.score) temp = boy[i];
}
printf("成绩最高者:\n");
printf("学号 = % d\n 姓名 = % s\n 成绩 = % f\n",temp.num,temp.name,temp.score);
}
```

2.

```
#include < stdio.h >
struct student
{
  int num;                                   //学号
  char name[20];                             //姓名
```

```
  char sex;                                         //性别
  int age;                                          //年龄
  int score[5];                                     //5门课成绩
  int total;                                        //总分
};

main()
{
struct student a[8];
void output(struct student a[],int n);
int i,j;
 printf("请输入8个学生信息(学号 姓名 性别 年龄 5门课成绩):\n");
  for(i=0;i<8;i++)
  {     scanf("%d%s%c%d",&a[i].num,&a[i].name,&a[i].sex,&a[i].age);
        a[i].total=0;
       for(j=0;j<5;j++)
     {        scanf("%d",&a[i].score[j]);
            a[i].total=a[i].total+a[i].score[j];
            //求每个学生总分

        }
    }
 output(a,8);
 }

 void output(struct student a[],int n)
 {int i,j;
 printf("学号 姓名 性别 年龄 成绩1 成绩2 成绩3 成绩4 成绩5 总分 \n");
  for(i=0;i<n;i++)
    {printf("%4d %s %c %d",a[i].num,a[i].name,a[i].sex,a[i].age);
     for(j=0;j<5;j++)
        printf("%4d",a[i].score[j]);
 printf("%d\n",a[i].total);
     }
 }
```

3.

```
 #include "stdio.h"
 struct stu
 {
     int num;
     char *name;
     float score[3];
     float ave;
 }stu[5]={
         {101,"Li ping",45,99,77,0},
         {102,"Zhang ping",62.5,33,88,0},
         {103,"He fang",92.5,99,77,0},
         {104,"Cheng ling",87,88,89,0},
         {105,"Wang ming",58,88,74.5,0},
```

```
        };
main()
{
    int i,c = 0;
    for(i = 0;i < 5;i++)
    {
      float s = 0;
      s = stu[i].score[0] + stu[i].score[1] + stu[i].score[2];
      stu[i].ave = s/3;
      if(stu[i].score[0]< 60 || stu[i].score[1]< 60 || stu[i].score[2]< 60) c += 1;
    }
    for(i = 0;i < 5;i++)
    {
      printf("学号 = %d  姓名 = %s  平均成绩 = %f\n",stu[i].num,stu[i].name,stu[i].ave);
    }
    printf("不及格人数 %d\n",c);
}
```

4.

```
#define NULL 0
struct student
{
int num;
float score;
struct student *next;
};
struct student *mynew (int n)
{
struct student *head, *pf, *pb;
int i;
for(i = 0;i < n;i++)
{
pb = ( struct student *) malloc(sizeof (struct student));
printf("input Number and Score\n");
scanf("%d%d",&pb->num,&pb->score);
if(i== 0)
pf = head = pb;
else pf->next = pb;
pb->next = NULL;
pf = pb;
}
return(head);
}
```

习题8参考答案

一、简答题

1. 什么是缓冲文件系统？

所谓缓冲文件系统是指系统自动地为每个正在使用的文件开辟一个缓冲区，从内存向外部介质(磁盘)存数据或从外部介质(磁盘)向内存取数据都通过这个缓冲区。

2. 对文件的打开与关闭的含义是什么?

"打开"就是使文件指针变量指向该文件,使其通过该指针对文件进行操作。

"关闭"就是使文件指针变量不指向该文件,使文件指针和文件"脱钩",使其不能再通过该指针对文件进行操作。

3. 为什么要打开和关闭文件?

只有"打开"文件,才能获得指向该文件的指针变量,使其通过该指针对文件进行操作。

"关闭"就是使文件指针变量不指向该文件,使文件指针和文件"脱钩",使其不能再通过该指针对文件进行操作。

同时"关闭"文件可保证其数据的完整性,因为在写文件时,是先将数据输到缓冲区待缓冲区充满后才正式输出到文件中,如果当数据未充满缓冲区而程序结束运行,就会将缓冲区中的数据丢失。用 FCLOSE 函数关闭文件,将避免这个问题,它先把缓冲区中的数据输出到磁盘文件,然后才释放文件指针变量。

4. 什么是文件型指针?

文件型指针的数据类型为 FILE,它实际上是由系统定义的一个结构,该结构中含有文件名、文件状态和文件当前位置等信息。每个被使用的文件都在内存中开辟一个区,用来存放文件的以上有关信息。但在编写源程序时,可以不必关心 FILE 结构的细节。

5. 二进制文件与文本文件的区别是什么?

文本文件中每一个字节存放一个 ASCII 码,代表一个字符。二进制文件中的数据是按其在内存中的存储形式存放的,即按数据的二进制形式存放。

6. 文件使用完毕后必须关闭,否则严重后果是什么?

丢失数据。

二、单项选择题

1. C 2. B 3. C 4. C 5. A 6. A 7. D 8. C 9. B

三、分析程序,写出运行结果

1. Happ

2. 20 30

四、编写程序题

1.

```
#include <stdio.h>
main()
{  FILE *fp;
   char ch;
   if ((fp = fopen("myfile.txt","w"))== NULL)
   {  printf("cannot open file!\n");
      exit(0);
   }
    ch = getchar();                                    /* 输入第一个字符 */
   while(ch!= '?')
   { if(ch>= 'a'&&ch<= 'z') ch = ch + 'A' - 'a';
```

```
        fputc(ch,fp);
        putchar(ch);
        ch = getchar();
      }
        fclose(fp);
}
```

2.

```
#include <stdio.h>
#define S 5
struct student
{ int num;
 char name[10];
  float score1, score2, score3;
  float ave;
}stud[S];

void main()
{ int i,len;
  FILE *fp;
  for(i = 0;i < S;i++)
  {
scanf("%d%s%f%f%f",&stud[i].num,&stud[i].name,&stud[i].score1,&stud[i].score2,
&stud[i].score3);
   stud[i].ave = (stud[i].score1 + stud[i].score2 + stud[i].score3)/3;
  }
  len = sizeof(struct student);
  if((fp = fopen("stud.txt","w"))== NULL)
  { printf("无法打开文件\n");
    return;
  }
    for(i = 0;i < S;i++)
    if(fwrite(&stud[i],len,1,fp)!= 1)
      printf("写文件失败\n");
  fclose(fp);
}
```

3.

```
#include <stdio.h>
void main()
{ FILE *fx, *fy, *fz;char ch;

  if((fx = fopen("x.txt","r"))== NULL)
     {printf("打开 X 文件失败\n"); return ;}
  if((fy = fopen("y.txt","r"))== NULL)
     {printf("打开 Y 文件失败\n"); return ;}
  if((fz = fopen("z.txt","w"))== NULL)
     {printf("打开 Z 文件失败\n"); return ;}

  while(EOF!= (ch = fgetc(fx)))
```

```
  {
     fputc(ch,fz);
       }
  fclose(fz);
   if((fz = fopen("z.txt","a"))== NULL)
    {printf("打开 Z 文件失败\n"); return ;}

  while(EOF!= (ch = fgetc(fy)))
  {
  fputc(ch,fz);
      }

fclose(fx);
fclose(fy);
fclose(fz);
}
```

附录E ASCII码表

十进制	八进制	十六进制	字符	十进制	八进制	十六进制	字符
000	000	00	(null)	033	041	21	!
001	001	01	☺	034	042	22	“
002	002	02	☻	035	043	23	#
003	003	03	♥	036	044	24	$
004	004	04		037	045	25	%
005	005	05	♣	038	046	26	&
006	006	06	♠	039	047	27	’
007	007	07	●	040	050	28	(
008	010	08	◘	041	051	29	)
009	011	09	tab	042	052	2A	*
010	012	0A	line feed	043	053	2B	+
011	013	0B	♂	044	054	2C	,
012	014	0C	♀	045	055	2D	—
013	015	0D	♪	046	056	2E	.
014	016	0E	♬	047	057	2F	/
015	017	0F	☼	048	060	30	0
016	020	10	▶	049	061	31	1
017	021	11	◀	050	062	32	2
018	022	12	↕	051	063	33	3
019	023	13	‼	052	064	34	4
020	024	14	¶	053	065	35	5
021	025	15	§	054	066	36	6
022	026	16	—	055	067	37	7
023	027	17		056	070	38	8
024	030	18	↑	057	071	39	9
025	031	19	↓	058	072	3A	:
026	032	1A	→	059	073	3B	;
027	033	1B	←	060	074	3C	<
028	034	1C	∟	061	075	3D	=
029	035	1D	↔	062	076	3E	>
030	036	1E	▲	063	077	3F	?
031	037	1F	▼	064	100	40	@
032	040	20	(space)	065	101	41	A

续表

十进制	八进制	十六进制	字符	十进制	八进制	十六进制	字符
066	102	42	B	108	154	6C	l
067	103	43	C	109	155	6D	m
068	104	44	D	110	156	6E	n
069	105	45	E	111	157	6F	o
070	106	46	F	112	160	70	p
071	107	47	G	113	161	71	q
072	110	48	H	114	162	72	r
073	111	49	I	115	163	73	s
074	112	4A	J	116	164	74	t
075	113	4B	K	117	165	75	u
076	114	4C	L	118	166	76	v
077	115	4D	M	119	167	77	w
078	116	4E	N	120	170	78	x
079	117	4F	O	121	171	79	y
080	120	50	P	122	172	7A	z
081	121	51	Q	123	173	7B	{
082	122	52	R	124	174	7C	|
083	123	53	S	125	175	7D	}
084	124	54	T	126	176	7E	~
085	125	55	U	127	177	7F	⌂
086	126	56	V	128	200	80	Ç
087	127	57	W	129	201	81	ü
088	130	58	X	130	202	82	é
089	131	59	Y	131	203	83	â
090	132	5A	Z	132	204	84	ä
091	133	5B	[	133	205	85	à
092	134	5C	\	134	206	86	å
093	135	5D	]	135	207	87	ç
094	136	5E	^	136	210	88	ê
095	137	5F	—	137	211	89	ë
096	140	60	`	138	212	8A	è
097	141	61	a	139	213	8B	ï
098	142	62	b	140	214	8C	î
099	143	63	c	141	215	8D	ì
100	144	64	d	142	216	8E	Ä
101	145	65	e	143	217	8F	Å
102	146	66	f	144	220	90	É
103	147	67	g	145	221	91	æ
104	150	68	h	146	222	92	Æ
105	151	69	I	147	223	93	ô
106	152	6A	j	148	224	94	ö
107	153	6B	k	149	225	95	ò

续表

十进制	八进制	十六进制	字符	十进制	八进制	十六进制	字符
150	226	96	û	192	300	C0	└
151	227	97	ù	193	301	C1	┴
152	230	98	ÿ	194	302	C2	┬
153	231	99	Ö	195	303	C3	├
154	232	9A	Ü	196	304	C4	─
155	233	9B	¢	197	305	C5	┼
156	234	9C	£	198	306	C6	╞
157	235	9D	¥	199	307	C7	╟
158	236	9E	Pts	200	310	C8	╚
159	237	9F	*f*	201	311	C9	╔
160	240	A0	á	202	312	CA	╩
161	241	A1	í	203	313	CB	╦
162	242	A2	ó	204	314	CC	╠
163	243	A3	ú	205	315	CD	═
164	244	A4	ñ	206	316	CE	╬
165	245	A5	Ñ	207	317	CF	╧
166	246	A6	ª	208	320	D0	╨
167	247	A7	º	209	321	D1	╤
168	250	A8	¿	210	322	D2	╥
169	251	A9	⌐	211	323	D3	╙
170	252	AA	¬	212	324	D4	╘
171	253	AB	½	213	325	D5	╒
172	254	AC	¼	214	326	D6	╓
173	255	AD	¡	215	327	D7	╫
174	256	AE	≪	216	330	D8	╪
175	257	AF	≫	217	331	D9	┘
176	260	B0	░	218	332	DA	┌
177	261	B1	▒	219	333	DB	█
178	262	B2	▓	220	334	DC	▄
179	263	B3	│	221	335	DD	▌
180	264	B4	┤	222	336	DE	▐
181	265	B5	╡	223	337	DF	▀
182	266	B6	╢	224	340	E0	α
183	267	B7	╖	225	341	E1	β
184	270	B8	╕	226	342	E2	Γ
185	271	B9	╣	227	343	E3	Π
186	272	BA	║	228	344	E4	Σ
187	273	BB	╗	229	345	E5	σ
188	274	BC	╝	230	346	E6	μ
189	275	BD	╜	231	347	E7	τ
190	276	BE	╛	232	350	E8	Φ
191	277	BF	┐	233	351	E9	Θ

续表

十进制	八进制	十六进制	字符	十进制	八进制	十六进制	字符
234	352	EA	Ω	245	365	F5	⌡
235	353	EB	δ	246	366	F6	÷
236	354	EC	∞	247	367	F7	≈
237	355	ED	ϕ	248	370	F8	°
238	356	EE	ε	249	371	F9	•
239	357	EF	∩	250	372	FA	·
240	360	F0	≡	251	373	FB	√
241	361	F1	±	252	374	FC	^{n}
242	362	F2	⩾	253	375	FD	^{2}
243	363	F3	⩽	254	376	FE	■
244	364	F4	⌠	255	377	FF	Blank

参考文献

1. 谭浩强，张基温等. C 语言程序设计教程. 北京：高等教育出版社，1992
2. 杨路明. C 语言程序设计. 北京：北京邮电大学出版社，2005
3. 黄迪明. C 语言程序设计教程. 成都：电子科技大学出版社，1997
4. 龙昭华. 程序设计基础——C 语言. 重庆：重庆大学出版社，2004
5. 谭浩强. C 程序设计题解与上机指导（第二版）. 北京：清华大学出版社，2000
6. 谭浩强. C 程序设计试题汇编. 北京：清华大学出版社，1998
7. 谭浩强. C++程序设计题解与上机指导. 北京：清华大学出版社，2005